畅享"云生活"

（解读互联网世界的动漫科普读本）

邬厚民　陈凤芹　周索斓　何　威　编著

U0316468

中国铁道出版社
CHINA RAILWAY PUBLISHING HOUSE

内 容 简 介

本书以漫画的形式，将云计算云应用的相关知识穿插于具体的故事中，向青少年普及"云生活"的知识，以期能增强青少年的信息技术能力。全书共分四个部分：云计算的概念，主要介绍什么是云计算、云服务、云应用、云生活以及与传统计算的区别；畅享"云生活"，主要通过多个实例来介绍云应用的操作和使用方法，例如移动学习、在线导航、云端图书馆等；未来的"云工作"，主要描绘未来云在我们工作中的一些应用趋势；"云世界"里的风云人物，主要介绍国内外云产业里面的名人故事。

本书适合作为广大计算机爱好者的兴趣读物，尤其是青少年读者，可拓展计算机前沿知识，也可以很好地掌握云计算的知识。

图书在版编目（CIP）数据

畅享云生活：解读互联网世界的动漫科普读本 / 邬厚民等编著. —北京：中国铁道出版社，2017.12（2018.6重印）

ISBN 978-7-113-24132-2

Ⅰ．①畅… Ⅱ．①邬… Ⅲ．①云计算-青少年读物 Ⅳ．① TP393.027-49

中国版本图书馆 CIP 数据核字（2017）第 320640 号

书　　名：**畅享云生活**（解读互联网世界的动漫科普读本）	
作　　者：邬厚民　陈凤芹　周索澜　何　威　编著	

策　　划：韩从付	读者热线：（010）63550836
责任编辑：刘丽丽　李学敏	
封面设计：刘　颖	
责任校对：张玉华	
责任印制：郭向伟	

出版发行：中国铁道出版社（100054，北京市西城区右安门西街 8 号）

网　　址：http://www.tdpress.com/51eds/

印　　刷：中国铁道出版社印刷厂

版　　次：2017 年 12 月第 1 版　2018 年 6 月第 2 次印刷

开　　本：710 mm×1 000 mm　1/16　**印张**：6.5　**字数**：98 千

书　　号：ISBN 978-7-113-24132-2

定　　价：46.00 元

前　言

　　云计算、大数据、移动互联网是新一代信息技术的主要代表之一，也是信息技术领域的又一场革命，其影响已经渗透到人们日常生活当中，并且颠覆性地改变着人们日常生活、工作、学习以及交流的形态。以移动互联网为基础的生活方式与平台服务构筑成一个越来越方便、越来越美好的"云生活"。同时，也激发了人们，特别是青少年对信息技术科学的向往和移动应用的好奇心。让他们了解移动互联网技术、了解云计算的概念以及移动应用实例的知识和基本原理，培养他们对新信息时代知识的兴趣和创新思维，有着现实和长远的意义。为此，我们几位长期从事信息和动漫专业教育的老师以"解读云生活"为题向广州市科技创新委员会申报 2016 年广州市科普专项并获得了立项，也成就了本书的编写与推广。

　　本书以漫画的形式，将云计算和云应用的相关知识穿插于具体的故事中，向青少年普及"云生活"的知识，以期能增强青少年的信息技术能力。全书共分 4 个部分：第一部分是云计算的概念，主要介绍什么是云计算、云服务、云生活、大数据时代以及云计算与传统计算的区别；第二部分是畅享"云生活"，主要通过多个实例来介绍云应用的操作和使用方法，例如移动学习、在线导航、云端图书馆等；第三部分是未来的"云工作"，主要描绘未来云在人们工作中的一些应用趋势；第四部分是"云世界"里的风云人物，主要介绍国内外云产业中的名人故事，例如，乔布斯、扎克伯格、马云等。

　　本书由邬厚民、陈凤芹、周索斓、何威编著，其中邬厚民、陈凤芹、何威主要负责本书框架和例子的设计以及文档的撰写，周索斓负责封面、插画、漫画原画的设计与编辑工作。同时，许多从事信息技术一线教学的中小学教师也参与本书的撰写、修订与教学应用推广，包括广州市越秀区少年宫的梁健、广州从化中学的刘机途、广州荔湾区外语职业高级中学的刘志远、广州陈嘉庚纪念中学的杨培德、广州萝岗区东区中学的周琪明、广州东环中学的黎元、广州天河区元岗小学的苏亦文等。另外，广州科技贸易职业学院动漫制作技术专业的学生萧海量、陈润、龙子扬和黄秋扬同学参与了本书的素材整理与漫画绘制工作，在此也表示感谢！

　　由于时间仓促，编者水平有限，书中难免存在疏漏和不妥之处，敬请读者批评指正！

编者
2017 年 11 月

目　录

第一部分　云计算的概念

第二部分　畅享"云生活"

第三部分　未来的"云工作"

第四部分　"云世界"里的风云人物

第一部分

云计算的概念

1.1 什么是云计算

　　这里所讲的云不是天空上的云，而是互联网中的"云"。云就是互联网世界的一个标记，代表着一种网络计算资源。现在人们可以直接从互联网上的云获得特定的服务，例如云阅读、云搜索、云引擎、云服务、云网站、云盘等。

　　云所提供的一切服务都离不开云计算，没有"云计算"就没有"云"。云计算（Cloud Computing）就是指新型的"网络计算"，如图1-1、图1-2所示。而云就是指网络，之所以说成是"云"，是因为在计算机网络的流程图中，人们常常用云状图来表示将所有设备连接在一起的互联网，例如，个人计算机与远程服务器之间人们会画上一个漂亮的云朵来表示这些设备是通过网络加以连接的。

图1-1　什么是云计算

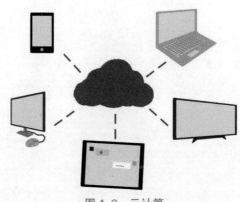

图1-2　云计算

1.2 传统计算与云计算的区别

随着信息技术的日益发展，云计算也随之得到了更大的发展，但云计算不是一蹴而就的，它实际是网络技术和计算机技术发展到更高端层次的产物。2006 年 8 月 9 日，Google 首席执行官埃里克·施密特在搜索引擎大会（SES San Jose 2006）首次提出"云计算"的概念。在传统计算模式下，计算机的软件或者数据都是存放到本地的计算机或者存储到指定的远程服务器上，而且人们还经常担心数据会丢失。但是现在有了云计算，人们就可以把个人的软件或者数据直接存储到云端，云端的数据存储空间大，不易丢失数据资料。例如，你现在有很多旅行拍摄的照片和视频，本地计算机存储空间不够了，就可以直接上传到云存储器，有多少存多少，只要有网络，随时可以从云端下载回来，不用担心丢失的问题。假如网络够快，在云端的操作其实跟本地计算机操作没有任何区别。传统计算模型如图 1-3 所示，云计算模型如图 1-4 所示。

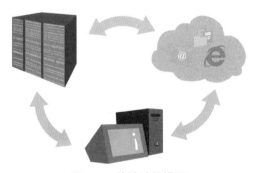

图 1-3 传统计算模型

图 1-4 云计算模型

3

1.3 什么是云服务

云计算是继 20 世纪 80 年代大型计算机到客户端－服务器的大转变之后的又一种"进化"。云服务指通过云计算以按需、易扩展的方式获得所需服务。这种服务可以是 IT 和软件、互联网相关的服务，也可以服务其他。云服务意味着计算能力也可作为一种商品通过互联网进行流通。它可以分为三种层次，分别是基础 IaaS（Infrastructure as a Service，基础架构即服务）、PaaS（Platform as a Service，平台即服务）、SaaS（Software as a Service，软件即服务）等。对于个人用户来说，更多关注的是软件即服务，简单地说就是云从业者提供各种软件，人们需要使用时，不需要将它们安装在自己的计算机上，只要连接网络就可以使用。又如，玩网页游戏，人们不需要在本地计算机上安装客户端软件，直接打开网页浏览器就可以，游戏数据都存到云端。即使换了地方上网，只要输入账号重新登录，所有的游戏数据和进度就可以再现，继续游戏，这就是典型的 SaaS。云服务的层次如图 1-5 所示。

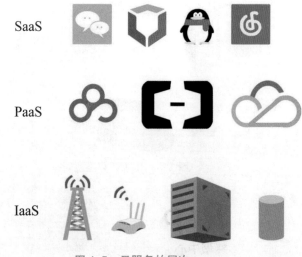

图 1-5　云服务的层次

云计算可以让用户不再需要追求本地计算机的高配置，只需要计算机能上网具备基本的处理能力就可以，与此同时，云服务的提供商（云业者）则必须拥有大型或者大量的服务器以满足用户的需求。例如，Google 拥有超过百万台服务器，约占全球的 2% 左右。软件及服务如图 1-6 所示。

图 1-6 软件及服务

1.4 什么是云生活

现在除了个人计算机（PC）之外，移动终端如智能手机、平板计算机可以直接访问互联网，我们现在上网的环境已经由传统的互联网演变为有线网络和移动网络并行的方式，上网方式的演变如图 1-7 所示。顺应这个变化，微软提了"三荧一云"（Three Screens and a Cloud）概念（见图 1-8），就是指电视屏幕、计算机屏幕、手机屏幕与云服务整合在一起，这些东西整合在一起就勾勒出了一幅生动的云生活画面。

图 1-7 上网方式的演变

图 1-8　三荧一云

以前人们要享受网络服务必须是在可连接网络的室内环境，自从有了笔记本式计算机和无线网络之后，在户外也可以享受上网的便利，而智能手机的出现更将娱乐和通信活动提升到了"24h 不打烊"的状态。这种状态将娱乐、学习、媒体和网络结合在一起，人们可以随时进行无缝生活（Seamless Life），也就是生活大小事情都可以借由大、中、小尺寸屏幕所交织的各种云服务得到满足，如图 1-9 所示。

图 1-9　云生活

　　智能手机功能强大，包括录音、拍照、手势触控、电子钱包等功能，这些都是一般 PC 没有的，性能已经远远超越了 PC。便携的平板计算机也有轻便、屏幕清晰、反应速度快且程序扩充简便的优势，这些都让移动互联网络在人们生活中占有愈来愈高的比重。据官方统计，2017 年中国智能手机保有量达到 11 亿多台，移动网民达到 7 亿，占网民总数的 95%，手机已经成为第一大上网终端。

　　24h 都在线的云生活（见图 1-10）已经来临，面对各种各样的云应用与服务，如何选择，如何利用好云应用服务为生活和学习带来帮助和快乐，将是摆在人们云生活面前的一道难题。通过后面的介绍，我们的主人公——"云仔"将带大家探秘云生活，运用好云应用。

图 1-10　24h 在线的云生活

1.5　什么是大数据时代

　　当今社会，数据已如空气和流水，无时无刻不围绕在我们周围，将我们包围。例如，早上醒来，智能手环记录下了我们的睡眠时间和睡眠质量；吃完早餐，匆匆挤上上学的公交车或地铁，"滴"的一声，交通卡刷卡器已经记下了我们的上车地点和上车时间；一路上刷朋友圈，看新闻，手机记录下了我们偏好的内容，或是电影，或是综艺，或是学习内容；放假约上几个同学去聚会，打开地图搜索附近评价好的餐厅，地图留下了我们的痕迹。每天我们不仅仅在享受信息时代带来的便利，更如辛勤工作的蜜蜂一般，勤勤恳恳、孜孜不倦地产生着、贡献着我们的数据。

"三分技术，七分数据，得数据者得天下"这句话最适合当下的大数据时代了。在大数据时代我们要用大数据思维去发掘大数据的潜在价值。例如：Google 可以利用人们的搜索记录挖掘数据二次利用价值，比如预测某地流感爆发的趋势；京东商城可以利用用户的购买和浏览历史数据进行有针对性的商品购买推荐，从而有效提升销售量；公安机关、运营商、银行等联合起来通过大数据分析就能够对于电信诈骗进行有效的预防、发现和打击。大数据如图 1-11 所示。

图 1-11　大数据

最早提出大数据时代到来的是麦肯锡："数据，已经渗透到当今每一个行业和业务职能领域，成为重要的生产因素。人们对于海量数据的挖掘和运用，预示着新一波生产率增长和消费者盈余浪潮的到来。"

我们可以将大数据的特征归纳为 5 个 "V"：Volume（量大）、Variety（多样）、Value（价值）、Velocity（高速）、Veracity（准确）。第一，数据量大，包括采集、存储和计算的量都非常大，大数据的起始计量单位至少是 PB（1000 个 T）、E（100万个 T）或 Z（10 亿个 T）。第二，种类和来源多样化，比如，网络日志、视频、图片、地理位置信息等。第三，数据价值密度相对较低，如何结合业务逻辑并通过强大的机器算法来挖掘数据价值，是大数据时代最需要解决的问题。第四，数据增长速度快，处理速度也快，时效性要求高。第五，数据的准确性和可信赖度，即数据的质量，如图 1-12 所示。

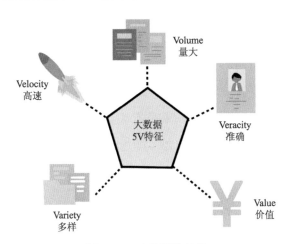

图 1-12 大数据的特征

下面看一下大数据在当下有怎样的杰出表现：

➢ 大数据可帮助政府实现市场经济调控、公共卫生安全防范、灾难预警、社会舆论监督。

➢ 大数据可帮助城市预防犯罪，实现智慧交通，提升紧急应急能力。

➢ 大数据可帮助医疗机构建立患者的疾病风险跟踪机制，帮助医药企业提升药品的临床使用效果，帮助艾滋病研究机构为患者提供定制的药物。

➢ 大数据可帮助航空公司节省运营成本，帮助电信企业实现售后服务质量提升，帮助保险企业识别欺诈骗保行为，帮助快递公司监测分析运输车辆的故障险情以提前预警维修，帮助电力公司有效识别预警即将发生故障的设备。

➢ 大数据可帮助电商公司向用户推荐商品和服务，帮助旅游网站为旅游者提供心仪的旅游路线，帮助二手市场的买卖双方找到最合适的交易目标，帮助用户找到最合适的商品购买时期、商家和最优惠价格。

➢ 大数据可帮助企业提升营销的针对性，降低物流和库存的成本，减少投资的风险，以及帮助企业提升广告投放精准度。

➢ 大数据可帮助娱乐行业预测歌手、歌曲、电影、电视剧的受欢迎程度，并为投资者分析评估拍一部电影需要投入多少钱才最合适，否则就有可能收不回成本。

> ➢ 大数据可帮助社交网站提供更准确的好友推荐，为用户提供更精准的企业招聘信息，向用户推荐可能喜欢的游戏以及适合购买的商品。

从整体上看，大数据与云计算是相辅相成的。大数据主要专注实际业务，着眼于"数据"，提供数据采集、挖掘、分析的技术和方法，强调的是数据存储能力。云计算主要关注"计算"，关注 IT 架构，提供 IT 解决方案，强调的是计算能力，即数据处理能力。如果没有大数据的数据存储，那么云计算的计算能力再强大，也难以找到用武之地；如果没有云计算的数据处理能力，则大数据的数据存储再丰富，也终究难以用于实践中去。

第二部分

畅享"云生活"

2.1　随时随地的移动学习

你有没有对学校的课堂学习感到厌倦？你是否曾经想听听在同一篇课文里其他老师是怎么讲的？当你在学习上遇到困难时，你是否渴望马上有人给你帮助？你有否想过自己能独立学习到更多的课外知识？你是否想过不花太多时间又能学到很多知识？其实，在云世界里有一样东西是可以满足以上的愿望，那就是移动学习，同学们让我们一起尝试移动学习吧！

移动学习（见图2-1）作为现行的一种理想的、非正式学习的学习方式，它具有学习形式的移动性、学习设备的无线性、学习的泛在性、学习的碎片性、学习过程的交互性等特点。简单来说，你可以通过计算机、手机、平板计算机等移动终端在任何时间、任何地方从网络上获得大量学习资源，你想怎么学就怎么学，你想学多长时间就学多长，一切按你的需要和兴趣来学习，完全不像传统的课堂教学。云仔就向你推荐一些好的移动学习方式啦！

图 2-1　移动学习

2.1.1　在线学习平台

在线学习平台，是指可以通过计算机、智能电视、智能手机、平板计算机等设备随时随地登录到平台进行学习。平台里面有虚拟课堂、视频点播、资源下载、在线作业、在线测试、在线辅导、学习跟踪及评估等许多功能。在线学习平台发展十分迅速，以后学生在平台上学习的时间可能会越来越多，效率也会越来越高，在课堂上学习的时间也会变得越来越少。

今天，云仔就给大家推荐一个在线学习平台并且是作业利器——作业帮。作业帮致力于为全国中小学生提供全学段的学习辅导服务，是中小学在线教育领军品牌。作业帮自主研发了 10 余项学习工具，包括拍照搜题、作业帮一课、一对一辅导、古文助手、作文搜索等。在作业帮，学生可以通过拍照、语音等方式得到难题的解析步骤、考点答案；可以通过作业帮一课直播课堂，与教师互动学习；可以迅速发现自己的知识薄弱点，精准练习补充；也可以连线老师在线一对一答疑解惑。

一、作业帮的安装

扫描作业帮二维码，可以将作业帮的客户端安装到手机上，安装后我们可以使用 QQ、微信、手机注册账号，如图 2-2 所示。注册完成后就会进入作业帮主界面，如图 2-3 所示。

作业帮二维码

图 2-2　作业帮用户注册、登录界面　　　　图 2-3　作业帮主界面

二、使用作业帮发布问题

利用强大的图片识别技术和语音识别技术，作业帮可以对图片问题或语音问题进行识别。点击图2-3中的"拍照搜题"或者"语音搜题"，你就可以将问题拍下来或者读出来，作业帮会立即对题目在题库中进行搜索匹配，并将详细的解答过程和解题思路反馈给你，如图2-4所示，拍照搜题后，作业帮给出问题解析。

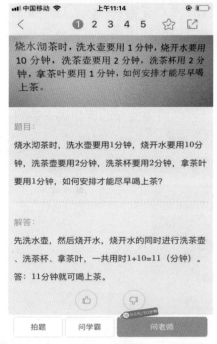

图2-4　拍照搜题后，作业帮给出的问题解析

三、课程学习

作业帮提供了不同年级、不同科目的在线课程，学生可以自主选择想要上的课程，在上课时间准时进入教室，可以观看老师直播上课，支持随时互动，还支持课后回放课程，如图2-5所示。

针对学生存在的问题，作业帮提供1对1在线辅导功能，遇到不会的题目学生可以随时向老师提问，不让难题堆积。

作业帮还提供了同步练习，如图2-6所示，练习题库精选从小学到高中的题目，在练习过程中，作业帮会将题目答案及解题思路呈现给学生，并让学生全面了解自己的知识点情况。

图 2-5 一课界面

图 2-6 一练界面

2.1.2 微课学习

微课顾名思义就是短小的课程，跟平时的课堂学习不同，一般只有 6~10 min，老师只讲授一两个知识点，而且老师往往讲得更直接、更容易接受，特别适合开"小灶"。现在很多老师的微课都上传到云端，如果想学习课程的某个知识点，只要拿出平板计算机或手机看一段 6min 左右的微课视频，就可以学到这个知识点，如果还没有听明白，还可以重复看，直到看明白为止。现在比较好的微课平台有中智微课，微课在线。微课学习如图 2-7 所示。

图 2-7 微课学习

2.1.3 慕课（MOOC）学习

如果你是学习达人，想学习更多的课外知识，想在中学阶段窥探一下大学的课程，甚至想在中学没有毕业就拿到世界名牌大学的课程认证，那云仔向你推荐一个好的东西——慕课！慕课全称为大型开放式网络课程，即 MOOC（Massive Open Online Courses）。顾名思义，M 代表 Massive(大规模)，与传统课程只有几十个或几百个学生不同，一门 MOOC 课程动辄上万个学生，最多达 16 万学生；第二个字母 O 代表 Open(开放)，以兴趣为导向，凡是想学习的，都可以进来学，不分国籍，只需一个邮箱，就可注册参与；第三个字母 O 代表 Online(在线)，学习在网上完成，不受时间、空间的限制；第四个字母 C 代表 Course，就是课程的意思，如图 2-8 所示。慕课课程的覆盖范围很广，不仅覆盖了广泛的科技学科，比如数学、统计、计算机科学、自然科学和工程学，也包括了社会科学和人文学科。现在绝大多数慕课课程都是免费的，完成了课程各项任务和作业，经考核达到合格要求就可以获得课程证书。例如：你现在修读的是北京大学开设的慕课，学习结束，通过考核你就可以获得北京大学的慕课证书。现在世界上主流的慕课平台有 Coursera、Udacity、edX 三大平台，在国内有网易云课堂、爱课程网、学堂在线等。

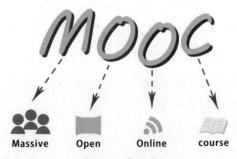

图 2-8 慕课学习

下面云仔就带大家来体验一下爱课程网里的中国 MOOC 吧!

中国大学 MOOC 是爱课程网携手云课堂打造的在线学习平台，每一个有提升愿望的人，都可以在这里学习中国最好的大学课程，学完还能获得认证证书。在这里可以学习文学艺术、哲学历史等方面的课程。

一、注册爱课网用户

在使用爱课网之前，我们需要先注册用户，登录 http://sns.icourses.cn/register.

jsp，按照要求填写注册信息，如图 2-9 所示。

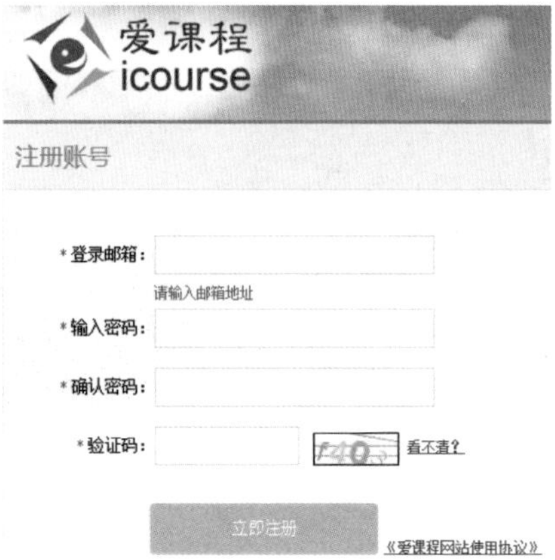

图 2-9 爱课网用户注册界面

二、登录爱课网

注册完成后，进入爱课程网首页 http://www.icourses.cn/home，我们就可以使用用户名、密码登录了。登录成功后的界面如图 2-10 所示，单击"中国大学MOOC"栏目就会进入 MOOC 网站，在搜索框中可以查找自己想要学习的课程，如图 2-11 所示。在爱课程网中，还可以学习在线开放课程、视频公开课、资源共享课。

图 2-10 爱课网首页

图 2-11　中国大学 MOOC 界面

三、学习课程

找到自己想要学习的课程后，单击课程链接可以查看课程介绍，在课程介绍页面，单击"立即参加"就可以加入相应的课程，如图 2-12 所示。课程中会有评分标准、测验与作业、考试等要求，也有讨论区供选课的同学进行交流学习，如图 2-13 所示，单击"开始学习"就可以开启你的学习之旅了。

图 2-12　MOOC 课程介绍页面

图 2-13　MOOC 课程页面

2.2　大容量的云端存储

同学们，在现实生活中你是否碰到过这样的情况？你有很多好看的数字电影、漂亮的数码照片，还有很好的电子学习资料，但你的计算机或手机的存储空间不够。这个时候你会怎么做呢？删掉旧的资料，又或者买硬盘、买U盘等存储器？这都不是好的办法，云仔今天就教你一个好办法，使用云盘（网络硬盘）。

云盘，它是云存储的一种应用方式，云存储是在云计算概念上延伸和衍生发展出来的一个新的概念。简单来说，云存储就是将存储资源放到云上供人存取的一种新兴方案。我们可以在任何时间、任何地方，透过任何可联网的装置连接到云方便地存取数据。使用云盘存放资料如图 2-14 所示。

现在国内比较流行的云盘有百度网盘、腾讯微云等，主要提供部分免费的网络硬盘，可以随意存储电子文件、相册、通讯录等内容。另外，还可以很方便地共享你的优质资源，也可以方便转存其他人所共享的数据，只要有网络就可以通过计算机或者手机轻松上传或下载数据。网络硬盘的存储超出一定空间之后，就要购买更多的空间，当然购买网盘的费用远远低于购买实际存储器的费用，总的来说还是很方便的。

图 2-14　使用云盘存放资料

百度网盘是百度公司推出的一款云服务产品，目前有网页版、计算机版客户端、移动平台客户端，可以轻松地把自己的照片、文档、音乐、通讯录等文件上传到网盘上，在众多朋友圈里分享与交流，并可以跨终端随时随地查看和分享。

百度网盘网址：http://pan.baidu.com/。

客户端下载网址：http://pan.baidu.com/download。

一、注册用户

首次使用，我们需要注册百度账号，在浏览器地址栏中输入百度云盘网址 https://pan.baidu.com/，单击页面中的"立即注册"即可进入注册页面，如图 2-15 所示，填写信息完成注册。

二、登录百度云盘

进入百度云盘主页 http://pan.baidu.com/，我们输入用户名、密码，如图 2-16 所示，单击"登录"按钮就登录到了网盘的文件列表界面，如图 2-17 所示。

三、上传文件

登录百度云盘后，我们单击图 2-17 中的"上传"，会弹出文件上传框，如图 2-18 所示，选择我们准备上传的文件，单击"打开"按钮，浏览器右下角便会弹出上传框，可以看到我们上传的文件，上传的文件便会出现在文件列表中。文件上传完成后的界面如图 2-19 所示。

图 2-15 百度云盘注册界面　　　　　图 2-16 百度云盘登录界面

图 2-17 百度云盘界面

图 2-18 百度云盘上传文件框

图 2-19　文件上传完成后的界面

四、下载、共享文件

百度云盘可以自己上传文件，也可以自己下载或者共享给别人，鼠标移动到相应的文件上，便会出现"分享、下载"的图标，单击 ●●● 图标还可以对资料进行重命名、删除等操作，如图 2-20 所示。找到我们上传的文件，单击"下载"就可以将文件下载到自己的计算机上，单击"分享"会打开"分享文件（夹）界面"，如图 2-21 所示，单击"创建链接"就出现了我们的链接地址，如图 2-22 所示，我们只要把链接地址分享给他人，他人就可以下载我们的资料了。

图 2-20　对资料进行分享、下载、重命名等操作的界面

图 2-21　百度云盘分享界面

图 2-22　成功创建公开链接界面

2.3　在云端图书馆徜徉

过去，我们为了看书，要么跑到书店去看，要么泡在图书馆里看。现在我们可以在存储到云端的"云生活"里轻易地找到包罗万象的图书资源。我们可以利用计算机、手机、电视或者电子阅读器通过网络从云端下载观看电子图书，这就是云端图书馆。放在云端图书馆里面的书不再是传统的纸质图书了，而是变成了更加方便阅读的电子文档，我们可以快捷方便地选择自己喜欢图书，并且可以在屏幕上随意放大和缩小文字，随意记录电子笔记，使得我们的阅读变得更加简单快捷。

例如，全球第一大网络书店 Amazon 就设计了自己的阅读器 Kindle 和庞大的云端图书数据平台。Kindle 阅读器屏幕是专门设计的电子墨水屏，使得显示效果与纸质图书十分接近，而且十分轻便，一次能够存储几百本电子图书。此外，Kindle 阅读器自身能够连接网络，可以访问到 Amazon 网站，读者可以从网站云端下载很多免费的图书，同时也可以通过电子支付直接购买电子图书，购买后直接下载就能在 Kindle 上阅读。Kindle 无疑开创了一个新型的阅读方式。

国内也有很优秀的云端阅读平台供读者阅读，例如网易云阅读（见图 2-23），致力于为用户提供优秀且富有乐趣的阅读作品，可以一站式阅读电子图书、数字杂志、报刊、漫画及海量互联网资讯等，支持跨设备多端同步收藏、笔记等功能，无缝整合搜索、词典、翻译、百科、分享、Google Reader 等阅读管理功能，让"知道"成为"知识"。

图 2-23　网易云阅读首页

一、购买 Kindle 电子书

在 Kindle 连接 Wi-Fi 的情况下，我们可以从 Kindle 商店中购买自己想要的书。也可以通过计算机在亚马逊网站的 Kindle 商店中购买，将电子书发送至 Kindle 中，如图 2-24 所示，当 Kindle 连接 Wi-Fi 的时候，会将电子书下载到 Kindle 中。

图 2-24 通过计算机购买电子书的界面

二、使用 Kindle

打开 Kindle，点击相应的书就可以打开书进行阅读，可以根据需要调整字体的大小，如图 2-25 所示。在阅读的过程中可以添加、分享笔记，遇到生词时，可以随时查阅释义，如图 2-26 所示，点击文中任意单词或选择语句段落，即可实时将文字翻译成其他语言，比如英语、日语、西班牙语等。

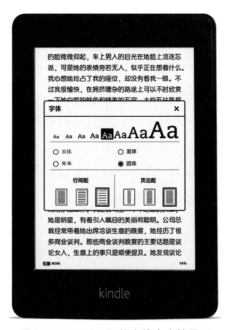

图 2-25 Kindle 调整字体大小的界面

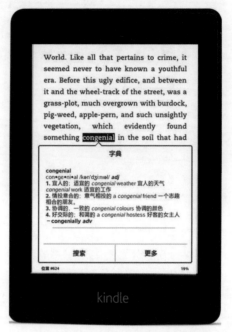

图 2-26　Kindle 查看释义的界面

2.4 扫一扫更精彩

你是否发现户外的广告、报刊杂志、电视节目等媒体里经常出现一个黑白相间、形似迷宫的方形图片，然后让大家都来"扫一扫"呢？

这个黑白相间貌似迷宫的方块其实称为二维码，二维码的名称是相对于一维码来说的，比如大家常见的商品外包装上印有的黑白竖条的条形码就是一个"一维码"。一维条码的宽度记载着数据，而其长度没有记载数据。二维条码的长度、宽度均记载着数据，二维条码有一维条码没有的"定位点"和"容错机制"，容错机制在即使没有辨识到全部的条码，或说条码有污损时，也可以正确地还原条码上的信息。

随着云生活的到来，二维码也广泛被应用到如广告推送、网站链接、数据下载、商品交易、定位 / 导航、电子凭证、车辆管理、信息传递、名片交流等现代商业活动中。手机"扫一扫"，已经走入千家万户，悄无声息地改变着我们的生活。

二维码的应用（见图 2-27）越来越广泛，可是你知道二维码是怎么生成的吗？下面云仔来告诉你哦。

图 2-27 二维码的应用

简单地说，二维码就是把你想表达的信息翻译成黑白两种小方块，然后填到一个大方块中。有点类似我们学校的答题卡，就是把我们的语言翻译成机器可识别的语言，说白了就是把数字、字母、汉字等信息通过特定的编码翻译成二进制 0 和 1，一个 0 就是一个白色小方块，一个 1 就是一个黑色小方块。当然这其中还有很多纠错码，假如需要编码的码字数据有 100 个，并且想对其中的一半，也就是 50 个码字进行纠错，则计算方法如下。纠错需要相当于码字 2 倍的符号，因此在这种情况下的数量为 $50 \times 2 = 100$ 码字。因此，全部码字数量为 200 个，其中用作纠错的码字为 50 个，也就是说在这个二维码中，有 25% 的信息是用来纠错的，所以这也就解释了二维码即使缺了一点或者变皱了也一样能被识别。

我们现在的智能手机摄像头都具备了扫描二维码的功能，俗称"313"功能。所以通过手机扫码我们可以获取很多的信息，同样也可以通过二维码的形式把你自己的信息共享给人家，例如你的微博地址、微信号都可以生成二维码，共享给你的好友。

云仔向你推介一款实用又方便的扫码神器——我查查，我查查是一款基于图形传感器和移动互联网的商品条形码比价的生活类手机应用，操作简单，条码扫描支持一维码、二维码、快递单号、药品条码等。当我们在买东西的时候，打开我查查，扫描商品条码之后，该商品相关信息即刻显示在手机屏幕上，

我查查二维码

包括哪家店有卖、售价多少等信息，通过比较扫码的信息，我们就可以买到最

便宜的东西。通过我查查，还可以查询快递信息、超市促销信息、车辆违章信息等，而且可以为文本、网址、通讯录、名片等信息制作二维码，别人通过扫描二维码就可以看到相应的信息。

让我们一起来扫一扫，查看一下吧！

一、安装我查查软件

扫描我查查二维码，可以将我查查软件的客户端下载到自己手机上，进行安装，或者在浏览器的地址栏中输入 http://www.wochacha.com/ 找到我查查软件的下载地址进行安装，安装后的我查查界面如图 2-28 和图 2-29 所示。

图 2-28　我查查界面

图 2-29　制作二维码界面

二、使用我查查软件

在我查查软件中点击相应的功能，我们就可以使用了，比如我们想要查看某件商品的信息，单击"扫描比价"按钮就可以扫描商品的条形码了，扫描完成就会显示商品的厂商、规格、价格等信息。

如果我们想将自己的名片或联系电话、位置等信息制作成一个二维码，方便别人扫描查看，通过我查查软件，如图 2-30 所示，可以快速地完成。下面我们为云仔制作一个名片的二维码，首先我们单击"二维码制作"按钮，会打开图 2-31 所示界面，然后单击"名片"按钮，我们就可以编辑云仔的详细信息了，编辑完成后，单击"完成"按钮，云仔的名片二维码生成了，如图 2-32 所示，大家可以拿起手机扫一扫看看会有什么结果。

图 2-30 我查查界面

图 2-31 制作二维码界面

图 2-32　制作二维码界面

2.5　指尖上的移动支付

　　相信大家曾经到小卖部买零食，到商店购置日用品，那么使用现金结算的时候什么问题最麻烦呢？对，就是找零钱。云仔也曾经和妈妈到市场买菜，回家后除了大包小包蔬菜外，还有很多零钱。一个个硬币，一张张零钱，如果不是十分有条理的人肯定会抓狂。不过现在，只要你注意，一个个二维码放置在店铺显眼的地方，这些小方块将提供另一种支付方式——移动支付。从此以后，金钱不再只是纸币和硬币，而是一个数字。你不再需要经常到银行取现，不再需要在交易时担心假币的问题，不再需要去管理零碎的小面值钱币。取而代之的是通过扫描二维码，输入交易金额和支付密码便完成。只要银行账户还有余额，你该担心的不再是钱包里有没有钱，而是你的手机里有没有电了。

2.5.1　移动支付

大家可能会问，什么是移动支付啊？通过字面就能够知道一二了，就是使用移动设备进行账务支付的一种服务方式。当然了，移动设备通常就是大家天天拿着的手机，如图 2-33 所示。

图 2-33　移动支付

虽然云仔不知道有多少人习惯使用移动支付，但看到大小店铺竖着的二维码就能知道不会少。根据官方调查，2016 年全国平均每人使用移动支付方式花销约 4 万多人民币，是不是很惊人？这种趋势，消费者逐渐从纸币支付、POS机支付、传统网络支付迁移向移动支付。相信大家也是因为移动支付方便、快捷而去选择使用的吧。

国内的移动支付软件应用广泛，比较受欢迎的第三方支付平台有下面几种。（1）支付宝。支付宝主要提供线上支付，线下消费和金融理财服务，其市场占有率也是最高的。（2）百度钱包，它是由百度公司基于百度客户端开发的，迅速成为移动支付中的重要一员。（3）银联闪付，它基于各大银行推出具有 NFC 功能的 POS 机和带有智能芯片的信用卡来实现移动支付。（4）微信支付，基于用户黏度非常高的腾讯核心产品——微信，用户在不知不觉中成为了微信支付的使用者。云仔将以此为例详细看看我们新时代的钱包的正确打开方式。

在已有的微信号中绑定一个储蓄卡（信用卡），当然该账号必须先办理了网银服务，然后在微信钱包中进行绑定，同时微信服务器会通过不同的手段为您审核账户的真实性。最后还需要设置交易密码，这个密码可以在移动支付时代替网银交易密码。移动支付绑定网银的流程如图 2-34 所示。

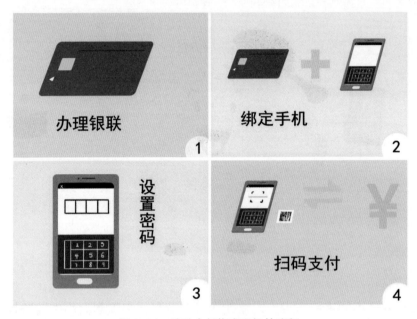

图 2-34　移动支付绑定网银的流程

细心的朋友就会发现，为什么不需要输入银行卡的密码就可以绑定微信钱包和银行卡呢？那是因为银行的信息和微信互联，卡号对应的预留号码微信会和银行核对，确认后微信会向该电话发送一个验证，如果用户能马上处理该验证，证明手机的确是在持卡人手上。

下面，我们看一个微信支付过程。它的形式主要有三种，包括扫码支付，用户之间转账（红包），手机支付码支付，如图 2-35 所示。

在云仔的印象中，移动支付主要有几种形式，包括前面提到的二维码支付和移动端转账支付、NFC 支付，还有指纹支付和刷脸支付。刷脸？是不是开始幻想只要你对着镜头摆一个 POS，便自动刷掉几百块了？这可不是很遥远的事情哦。

图 2-35 移动支付的三种形式

2.5.2 刷脸支付

看脸就能确认消费者身份并实现支付，听起来好酷哦，云仔刚知道这个消息也是十分惊讶，现在科技研发人员和工程师还真会"玩"啊，听说目前计算机人脸识别的准确率要高于人眼了，因此刷脸还真有实现的可能哦。云仔开始畅想刷脸给我们带来的好处了，如图 2-36 所示。

大家都知道，网络时代充斥着各种账号和密码，例如银行卡、网银、支付宝、淘宝账号密码等，让人很容易产生混乱。刷脸支付出现后，可能让我们暂时摆脱这种混乱，使生活更轻松。当然，这样会不会有安全问题？有的小伙伴可能想到，歹徒会不会用某个人的照片去欺骗计算机？云仔告诉大家，刷脸肯定不是一个简单的拍照的过程，它不但有先进的人脸特征辨识技术，还会附带多个确认手段，而且交易通常是小额度的，风险不高。

图 2-36　刷脸支付

云仔来谈谈它的原理，以支付宝人脸识别为例，它会先通过活体检测算法进行检测（判断采集到的人脸是活体信息而不是照片伪造、视频伪造或者其他软件模拟生成的），再通过人脸识别算法识别身份。通过某些动作，例如要求转脸，张嘴，点点头等保证不会出现拿着别人的照片或视频就能冒用的情况。

2.6　认识云端的朋友

早在 1967 年，哈佛大学的心理学教授 Stanley Milgram 创立了六度分割理论，简单地说："你和任何一个陌生人之间所间隔的人不会超过六个，也就是说，最多通过六个人你就能够认识任何一个陌生人。"按照六度分割理论，每个个体的社交圈都不断放大，最后成为一个大型网络，这是社会性网络（Social Networking）的早期理解。后来有人根据这种理论，创立了面向社会性网络的互联网服务，通过"熟人的熟人"来进行网络社交拓展，比如 ArtComb、Friendster、Wallop、Adoreme 等。

但"熟人的熟人"，只是社交拓展的一种方式，而并非社交拓展的全部。因此，一般所谓的 SNS，则其含义还远不止"熟人的熟人"这个层面。比如根据相同话题进行凝聚（如贴吧）、根据爱好进行凝聚（如 Fexion 网）、根据学习经历进行凝聚（如 Facebook，人人网）、根据周末出游的相同地点进行凝聚、根据中国农民应用网络的方式凝聚（如农享网）等，都被纳入"SNS"的范畴。

社会性网络服务是一个平台，建立人与人之间的社会网络或社会关系的连接。例如，利益共享、活动、背景或现实生活中的连接。一个社会网络服务，包括表示每个用户（通常是一个配置文件）的社会联系和各种附加服务。大多数社会性网络服务是基于网络的在线社区服务，并提供用户在互联网互动的手段，如电子邮件和即时消息。有时被认为是一个社交网络服务，但在更广泛的意义上说，社会性网络服务通常是指以个人为中心的服务，并以网上社区服务组为中心。社交网站允许用户在他们的网络共享他们的想法、图片、文章、活动、事件。国内最流行的 QQ、微信、新浪微博，都属于 SNS 的范畴，如图 2-37 和图 2-38 所示。

图 2-37 QQ 登录首页

图 2-38 微信登录首页

2.7 使用地图导航走遍天下

怎样才能去一个陌生的地方旅游呢？哪怕是去一个在我们同一个城市的你没有去过的地方呢？相信大家都会不约而同地说："用地图"。的确，这时你能想到使用在线地图的话，不得不说是最聪明的。在线地图是个走遍天下的好帮手，现在，我们跟着云仔，用在线地图走遍世界吧。

在线地图信息服务（见图 2-39）就是指地图服务方根据用户提出的地理信息需求，通过自动搜索、人工查询、在线交流等方式为用户提供方便、快捷、准确的所需地图及出行交通指引资讯的在线信息服务。其特点是将用户所需的本地信息、搜索结果直接在地图上呈现，同时提供地图浏览、公交路线、行车路线以及对目标地点的简介等常用功能。简单来说，你可以通过计算机、平板电脑、手机打开在线地图进行查询，就可以去到你要去的目的地了。例如，通过百度地图看看全球的卫星地图；如果你在户外，就可以在手机安装地图 APP 应用软件，通过网络和卫星定位来实时查询在线地图，并且可以准确定位你当前所在的位置，这样的话哪怕在陌生的地方你也不会迷路。现在主流的在线地图有百度地图、高德地图等。

图 2-39　在线地图信息服务

现今，大家都在私家车或者手机等设备上免费使用 GPS 导航，人们一提起导航就首先想到 GPS，以及我国自行研制的全球卫星导航系统——"北斗卫星导航系统"，下面云仔就向大家介绍这两种卫星导航系统。

一、全球卫星定位系统

全球卫星定位系统（Global Positioning System，GPS），是利用 GPS 定位卫星，在全球范围内实时进行定位、导航的系统。它的基本原理是：地球上空的定位卫星不间断地向地面发送自身的星历参数和时间信息，地球上的手机或者定位仪可以随时接收这些信息，如果能同时接收到 3 颗以上卫星信息就能通过计算求出当前用户在地面的三维位置、三维方向以及运动速度和时间信息。虽然现在大部分的智能手机都具备了 GPS 功能，但由于手机对卫星信号接收能力不够稳定，往往还需要利用无线网络实现最后精准的定位。无线网络定位技术，主要的原理是通过分析手机与通信基站之间的通信信号来实现定位的。有了 GPS 和无线网络定位，无论你走到海角天涯都能够马上准确确定你的位置。

二、北斗卫星导航系统

北斗卫星导航系统（BeiDou Navigation Satellite System，BDS）是中国自行研制的全球卫星导航系统，是继美国全球定位系统（GPS）、俄罗斯格洛纳斯卫星导航系统（GLONASS）之后第三个成熟的卫星导航系统。

1994 年，启动北斗一号系统工程建设，北斗卫星导航系统空间段由 35 颗卫星组成，包括 5 颗静止轨道卫星、27 颗中轨道地球卫星、3 颗倾斜同步轨道卫星。截至 2016 年，发射了 23 颗卫星，解决了中国及其周边，包括亚太地区的大部分区域里导航定位问题，另外还发射了 5 颗新一代的全球实验卫星，中国的全球卫星系统将在 2020 年完成全球覆盖。

目前，北斗产业已走出国门，进入亚太市场，在巴基斯坦、泰国、老挝等国家的高精度测量应用中大放异彩。北斗卫星导航系统服务性能已经与 GPS 相当了，而且灵活性要大得多，其相位模糊度解算速度也较快。我们建立了世界上唯一的一个连续导航与定位报告双模系统，除了可以获得连续导航、求解用户的位置和速度，还能定位报告，在用户终端实现了导航、航行跟踪和生命救援的一体化。

2016 年 6 月发布的《中国北斗卫星导航系统》白皮书显示，我们已经有30% 的智能手机应用了兼容北斗系统的芯片，比如华为、中兴、努比亚、天语等品牌手机都支持北斗导航。可以说，在现在国产手机迅速发展且市场日渐繁荣的情况下，北斗导航也会随之一起进入我们的生活。其实不仅仅是国产手机，三星早在 2013 年就携手高通切入了北斗智能手机市场，当时推出的具有北斗导航的手机还引起了业界的极大关注。

除了我们日常用的个人位置定位外，北斗技术已经应用在救援、远洋航行和捕捞等方面,高精度的北斗导航系统在新疆和东北的农业耕作中应用,从播种、除草、施肥、收获等方面都已经达到了机械化、自动化。另外,建筑行业用北斗的精密测量办法,解决了高层楼房在台风的强度下摇摆的额定水平。

现在,北斗导航还处于一个不断完善的过程,而我们相信未来它一定会给我们带来更惊艳的表现!

2.7.1 使用百度地图

一、安装百度地图

扫描百度地图二维码,或者在浏览器中输入百度地图的网址 http://map.baidu.com 可以下载百度地图的客户端。

安装后打开地图,可以看到 2D 平面地图,如图 2-40 所示,点击"图层"还可以切换到卫星图和 3D 俯视图模式,如图 2-41 所示。

百度地图二维码

图 2-40 百度地图界面

图 2-41 百度地图视图模式切换

二、使用地图进行搜索

百度地图可以搜索路线、查询周边、定位位置，更重要的是还可以导航，会给我们的出行带来意想不到的帮助。单击主页的"搜索"框，输入想要查找的内容就可以进行搜索，如图2-42所示。除了输入文本进行搜索外，百度地图还支持语音搜索，单击图2-42中的"智能语音助手"按钮，然后对着手机说出想要查找的内容，语音助手会识别讲话内容，搜索出你想要的结果，图2-43所示为通过语音搜索"广东省博物馆"得出的搜索结果。

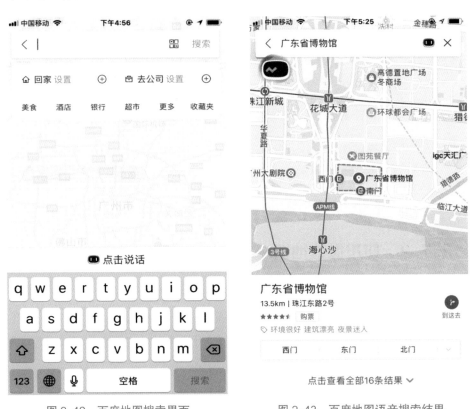

图2-42　百度地图搜索界面　　　　图2-43　百度地图语音搜索结果

三、使用百度地图查询路线

我们使用百度地图可以进行线路的查询，它提供了智行、驾车、公交、步行、骑行五种查询方式，还提供了打车、使用共享单车服务，如图2-44所示。图2-45所示为从广东美术馆到广东省博物馆的驾车路线搜索结果，单击"开始导航"按钮，就可以进行语音导航了。

图 2-44　百度地图路线查询界面

图 2-45　百度地图驾车路线查询结果

2.7.2　使用微信地图

除了百度地图，我们的聊天应用软件也会为我们提供贴心的地图功能。当你和小伙伴们约定在某个你们的陌生的地方集合时，会不会有找不着对方的尴尬呢？如果双方都使用了微信，这时可以使用其中的"位置"功能，让别人知道你的位置。

大家是不是很疑惑这个过程是如何实现的？云仔跟大家描述下吧，比如妈妈使用微信和云仔通信，问云仔去哪了。云仔就可以使用微信位置功能了。该功能优先使用 GPS 获取云仔的坐标，如果 GPS 被禁用或者失效，则会使用附近移动信号基站或者路由所在位置坐标。微信会把这个坐标位置数据发送到妈妈的微信上，妈妈的微信可以通过这个数据打开一个地图，地图中会同时显示云仔和妈妈的位置，非常直观。首先，云仔只需要在妈妈的微信对话框中点击选择"位置"功能，即可把自己当前位置告诉妈妈，并通过地图直观展示。

除了使用"发送位置"功能，我们也可以选择"共享实时位置"功能，可以不间断捕捉你和小伙伴的实时位置，还可以允许多人同时加入共享位置，实现实时语音，如图 2-46 所示。

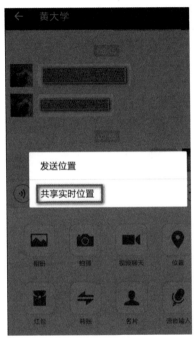

图 2-46　共享实时位置及实时语音

2.8　使用在线办公软件

同学们，相信大家对文字处理软件、办公软件肯定不会陌生，平时你也应该会常常使用 Word、PowerPoint、Excel、WPS 等软件进行数据的处理。但你是否曾经碰到过这样的囧事呢？某一天你要进行一场汇报，忘记把 PPT 从计算机里复制出来，又或者计算机没有安装对应的软件，使得你的文档无法打开。这个时候你肯定会想，如果自己做好的文档不用复制到 U 盘都能随时随地使用；如果任何一台计算机不用安装办公软件也能操作电子文档；如果我能跟同学不用见面也能同时完成一个 PPT 的设计……这些如果都能实现的话那该多么的好呀！其实在线办公系统就能一一满足你的需要了。

在线办公平台（online office）最大特点就是线上（网上）办公替代了传统

的桌面办公，计算机无须安装办公软件，只要通过网络，用户之间就可以在浏览器完成文档的编辑处理，直接存储到云端。此外，还可以实现多人在线协同处理文档的办公功能。如果要展示文档，只要通过能上网的计算机、手机、平板电脑等设备登录就能打开展示。现在主流的在线办公平台有：微软在线办公、Zoho 在线办公、WPS 轻办公等，如图 2-47 所示。

图 2-47　通过在线办公软件多人协同处理文档

下面我们就跟着云仔学习怎样使用 Zoho 在线办公。

Zoho 可以收发与管理邮件；新建或上传、存储或备份、编辑、处理、共享各种常用格式的文档或表格；创建并管理日历、联系人、通讯录；与朋友或家人即时聊天；在线收藏喜爱的网站或链接；自由添加喜欢的各种应用。

一、注册账号

首次使用我们需要先注册 Zoho 账号，在浏览器地址栏中输入 https://www.zoho.com.cn 即可进入 Zoho 主页，单击主页上的"立即注册"便进入了注册页面，填写好姓名、邮箱、密码就可以免费注册了，如图 2-48 所示。

二、登录 Zoho

进入 Zoho 主页 https://www.zoho.com.cn，单击"登录"按钮就可以使用用户名、密码登录 Zoho，也可以使用自己的微博账号、百度账号、QQ 账号等进行登录，如图 2-49 所示。

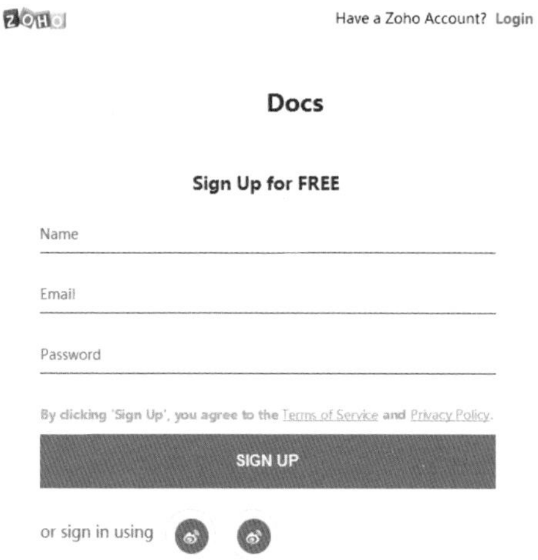
ZOHO
Have a Zoho Account? Login
Docs
Sign Up for FREE
Name
Email
Password
By clicking 'Sign Up', you agree to the Terms of Service and Privacy Policy.
SIGN UP
or sign in using

图 2-48 Zoho 用户注册界面

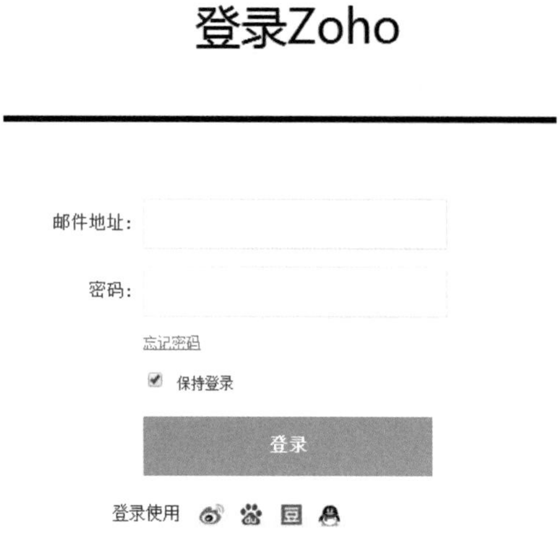
登录Zoho
邮件地址:
密码:
忘记密码
保持登录
登录
登录使用

图 2-49 Zoho 用户登录界面

三、使用 Zoho 的服务

我们以“在线文档管理工具”为例来讲解 Zoho 的使用。登录进入 Zoho 后，单击“Docs”进入在线文档管理工具，如图 2-50 所示。

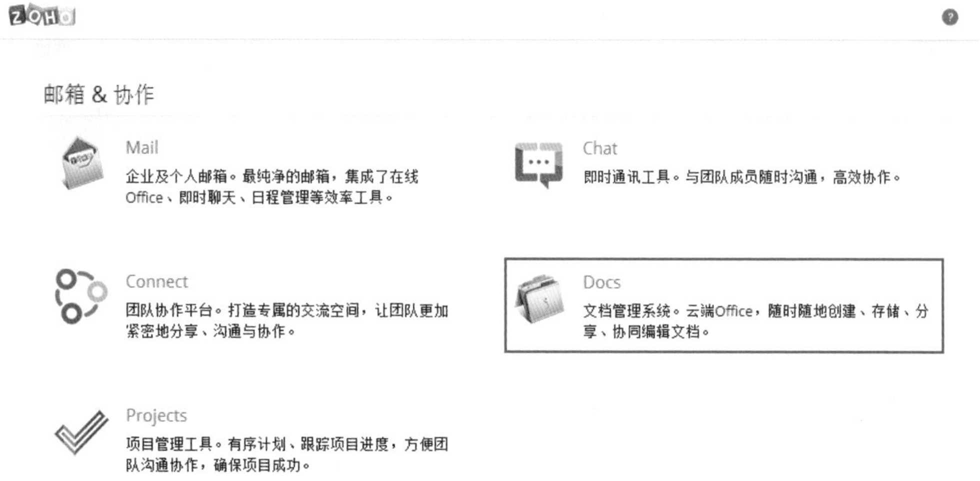
ZOHO
邮箱 & 协作
Mail
企业及个人邮箱。最纯净的邮箱，集成了在线Office、即时聊天、日程管理等效率工具。
Chat
即时通讯工具。与团队成员随时沟通，高效协作。
Connect
团队协作平台。打造专属的交流空间，让团队更加紧密地分享、沟通与协作。
Docs
文档管理系统。云端Office，随时随地创建、存储、分享、协同编辑文档。
Projects
项目管理工具。有序计划、跟踪项目进度，方便团队沟通协作，确保项目成功。

图 2-50 Zoho 界面

进入在线文档管理工具后，单击“上传”按钮可以上传文件、文件夹、批量上传。单击“新建”按钮我们可以新建文档、电子表格、演示文档和文件夹，如图 2-51 所示。

图 2-51　Zoho Docs 界面

　　单击新建"文档"我们就可以进入文档编辑界面，如图 2-52 所示，单击左上角的三图标，会弹出文档编辑工具，我们可以对文字的字体、大小、颜色、段落格式等基本信息进行编辑，也可以在文档中插入图片、表格、超级链接等内容，如图 2-53 所示。

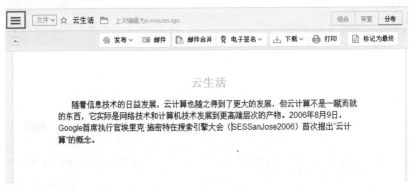

图 2-52　Zoho 文档界面

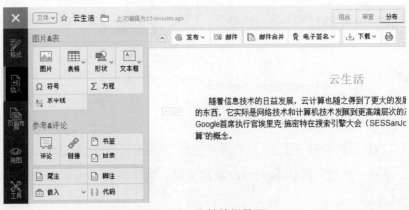

图 2-53　文档编辑界面

2.9 共享经济正在燎原

云仔妈妈曾经告诉云仔，地球只有一个，我们应该有意识地保护好她。环境保护，节约资源是每个人应尽的义务，我们可以把多余的、闲置的、甚至废弃的资源利用起来。云时代，我们的生活方式开始有了新的变化，让云仔带着我们去看看人们是如何通过云技术改变我们的生活方式的。

云时代的共享经济，是我们将要讨论的主角，一个新颖的词语，是通过互联网平台将服务、商品、技能或数据等在不同主体间进行共享的经济模式。它的核心是以信息技术为基础和纽带，实现物品的所有权与使用权的分离，在资源拥有者和资源需求者之间实现使用权共享，如图 2-54 所示。

图 2-54 共享经济概念

不过听起来跟传统的租赁行业很类似。云仔不会否认，因为共享不是新的概念，例如，租赁自行车、租赁运动器材、租赁汽车等，这些已经有效地把使用权和所有权分离，但它们缺少一个关键环节——云技术与互联网环境。大家可能不明白为什么信息技术是云时代共享经济的核心，云仔觉得，共享要成为一种经济模式，需要广而告之，让所有有需求的人知道有多余的资源，以及其所在的位置。因此我们总结，共享经济的三个必要条件，首先要有闲置的资源，其次就是有需求以及基本的信任，第三也是最关键的就是云时代技术支撑的共享平台。

那是什么让共享经济爆发增长的呢？云仔认为共享经济需要技术基础。在云计算大数据技术成熟且被广泛应用之后，人们使用移动设备通过云获取信息的数量激增，每个用户都可以通过互联网获取陌生人分享的信息或给他人分享自己的信息，实现了网络上的信息共享和内容提供，促使共享经济的爆发。接着我们通过表 2-1 来了解下现今有哪些行业领域实行了共享经济的尝试，以及其知名品牌。

表 2-1　共享经济领域企业

共 享 领 域	代 表 企 业
交通出行	滴滴、易道
云时代众筹	点名时间、追梦网
房屋住宿	蚂蚁短租、途家网
P2P 贷款	人人贷、陆金所、红岭创投
知识技能	猪八戒网、知乎、豆瓣网

这么多成功的品牌，不能一一详述，云仔在其中挑几个代表介绍一下。

2.9.1　共享自行车

在城市，我们出了地铁站，到家还有一两公里。乘出租不划算，乘公交没车站，若是遇到桑拿天或下雨下雪，行人提着重物，或者老人与幼童回家，这一公里可真能难倒不少人。这就是公共交通的"最后一公里"问题，如图 2-55 所示。

图 2-55　最后一公里

那么什么是共享单车？云仔认为共享单车是以云技术为依托构建的自行车资源服务共享平台，它主要服务于区域中有短距离出行、公共交通接驳换乘需要的市民大众。共享单车实质上是移动网络科技的定位、收费、借还技术与传统自行车的结合，人们通过手机与云服务器申请借还车辆，所租用的车辆与普通自行车别无二致，是依靠人力驱动，真低碳出行。

　　共享单车是一个朝气蓬勃的新产业，成千上万的需求和机会，竞争也十分激烈。光这两年，新成立共享单车品牌就有十几个，他们具体操作方式各有不同，服务质量也参差不齐。ofo 和摩拜是两个较为成规模的共享单车品牌，如图 2-56 所示。

图 2-56　ofo 和摩拜共享单车

　　下面云仔以摩拜为例，介绍共享单车的使用流程。

　　主流共享自行车的使用方式都很相似。首先在手机上安装对应的 APP，绑定个人支付账号后准备工作就完成了。在路边遇到共享自行车时，扫描二维码即可解锁使用，如图 2-57 所示。使用完毕后大家要记得锁车哦，系统随后会计算车辆使用时间以及费用，简单方便！

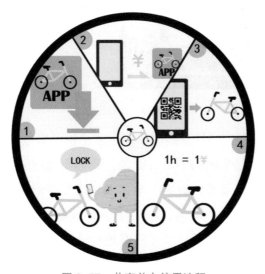

图 2-57　共享单车使用流程

2.9.2 云时代移动打车

前面介绍了"最后一公里"的解决方案，那么，如果有急事，"之前那若干公里"要怎么解决，答案大家都知道，打车。但是在城市，打车是个老大难问题，主要问题是出租车不能很好解决几个问题：（1）服务覆盖区域面积不足，有些地方不可能出现出租车。（2）出租车数量不能满足需求量。即有出租车覆盖，但是总是已载客。(3) 出租车司机因目的地偏远或者路程太近而拒载，如图 2-58所示。

图 2-58　移动打车

目前，北京、上海、广州等一线城市产生了出租车服务供需矛盾较大的问题，现在主要的矛盾并不是车辆的不足，而是，我们不能通过行政，规定或者法律等"常量"途径去调度服务，解决一个需求"变量"的问题。矛盾的症结在于如何让"需求者"了解有多少"服务者"愿意为他服务，让"服务者"掌握"需求者"在哪里，云时代的移动技术能很好地构造这座沟通桥梁。那有什么好产品为我们解决问题呢？近两年"滴滴打车""神州专车"等 30 多款手机打车软件陆续上线，他们的使用方式都比较相近。

那么，与传统打车方式相比，打车软件具有哪些优势呢？例如，打车软件的定位功能使司机更加直观准确得知用户的具体位置，减少因信息传递错误带来的时间浪费。再如，打车软件为司机和用户提供了一个信息交流的平台，方便双方沟通。最值得一提的是，打车软件的出现促进了移动支付发展，这大大提高了打车的效率。司机减少了在路上空跑拉客的时间，降低空车率，其收入从而得到提高，如图 2-59 所示。经调查，客户平均 5 分钟即可通过打车软件获得服务，比起传统打车方式，是不是靠谱多了？

图 2-59　打车软件使用

2.9.3　共享汽车

在前两节，云仔陪同大家了解了共享单车、移动打车，均是通过云技术和移动应用开发把原有的一些交通服务进行升级，让人们应用起来更灵活、更方便。而大家有没有想过，如果一辆价值几万、甚至十几万、几十万的汽车也可以共享，那将是一副怎样的画面？

那共享汽车有什么吸引力，如此让人期待（包括云仔）？如果你是有意购车的人，肯定了解汽车限购的事情。在国内大中城市，不少城市车牌限购、车辆限行，加之与车相关的成本、停车问题尚未解决，一部分人的买车欲望得不到满足。据了解，全国只有三分一有驾照的公民拥有汽车。一些创业公司开始专注这一领域，如春风一股的共享汽车便出现了。如图 2-60 和图 2-61 所示。

图 2-60　共享汽车

图 2-61　共享汽车（来源：http://www.chinanev.net/）

2.9.4　云时代的互联网众筹

众筹，这个话题比较敏感，因为它涉及金钱、投资、收益、法规，但是它是云时代商业模式重要组成部分，我们一起去了解下这个新生事物吧。

众筹是什么？顾名思义，众筹是需要资金的一方通过云技术与互联网集中多笔来自公众的小额资金用来进行某个活动或开展项目的一种新型融资形式，或以互联网为载体，汇集资金用来支持某个特定项目或组织，如图 2-62 所示。

图 2-62　众筹

在我们国家，众筹与国外相比起步较晚，但云时代来临，很多障碍都被突破，社会投资需求和持有闲钱的人能互联互通，国内众筹平台进入繁荣阶段。现今众筹有多种模式，比如以慈善、赞助、捐款形式，如图 2-63 所示；通过投资在一定期间内获取利息和分红的借贷形式，如图 2-64 所示；通过购买企业股份，分红获得利益形式；还有投资不求分红和利息，好处就是享有这个投资企业的优惠服务。

图 2-63　捐赠模式

51

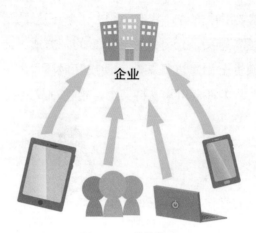

图 2-64　借贷模式

2.10　与网络红人互动的正确打开方式

相信很多人都听过一个字——"宅"。"宅男"与"宅女"可能是互联网时代的副产品，长时间把自己关在网络世界之中，不知道你是不是其中一员呢？随着"宅"群体越来越壮大，逐渐发展出一种需求，称为网络社交。因为，"宅"们也需要精神生活，也需要与他人沟通。这就是网络直播的历史来源，如图 2-65 所示。当然，现在人们都或多或少接触过直播，该领域不再是"宅"的专利了。

图 2-65　直播

网络直播平台兴起的时间不长，它是新兴的高互动性视频娱乐方式，这种直播通常是主播通过视频录制工具，在互联网直播平台上，直播自己玩游戏、唱歌等活动，而受众可以通过弹幕与主播互动，也可以通过虚拟道具进行打赏。网络直播行业正呈现三方分化的形态，包括最为知名的秀场类直播、人气最高的游戏直播，以及新诞生并迅速崛起的泛生活类直播。但是，因为该领域还没有十分严谨的规范，因此未成年人要在监护人陪同下一起观看。

那为什么网络直播会那么火？云仔觉得在互联网时代，不管你对哪个方向感兴趣，都会找到你想要的。因此，直播的市场十分大。另外，为了争取优秀的主播，各直播平台纷纷高价聘请，再经过宣传，就有更多人参与直播。以下几个比较热门直播平台，看看他们主要经营内容：（1）斗鱼，它的定位主要是直播游戏，斗鱼以游戏为主并拥有大量的观众基础，同时拓展其他娱乐项目等。（2）花椒，其主要使用移动设备直播，支持回放，有特效变脸功能，支持 VR 直播，有脸萌技术、省流量、云储存。（3）YY 语音，相比较而言它是最全面的一个直播平台，可以说是老少皆宜，什么年龄段的人群都有，如图 2-66 所示。

图 2-66　直播游戏和才艺

2.11　身临其境的虚拟体验

云仔从小就在天上飞，所以经常有小伙伴来信问我，飞翔是啥感觉，其实嘛，我也不能言明。不过科学家和工程师们致力于研制高仿真度的感知技术，主要用于军事、医疗、航空航天训练等领域。近十几年，该类技术逐渐往民用领域扩散，发展多项产业，虚拟现实、增强现实、混合现实等就是此领域的产品。

首先，云仔向大家介绍虚拟现实（简称 VR）、增强现实（简称 AR）与混合现实（简称 MR）。他们都属于数字感知技术。首先，VR 技术则是借助计算机图形技术和可视化技术产生物理世界中不存在的虚拟对象，并将虚拟对象准确"放置"在物理世界中。其次，AR 技术是采用计算机图像技术对物理世界的实体信息进行模拟、仿真，即把现实世界变成虚拟世界。最后，而 MR 技术则是在虚拟世界与现实世界之间建立一种交互关系，即形成虚拟和现实互动的混合世界，如图 2-67 所示。

图 2-67　虚拟体验

根据前面讲的内容，例如，一朵花包括它美丽的外表，花的香味，甚至包括风吹过花的声音，触摸花的触觉我们都能转化为数字，并把这些物理世界的所有信息重构，转化成虚拟体验，我们就可以足不出户，看遍世界。既然那么神奇，云仔便带领大家先从"虚拟现实"开始看看人们是如何把现实虚拟化的。

2.11.1　虚拟现实

虚拟现实（Virtual Reality，VR）技术，相信很多小伙伴都不陌生吧？它是一种通过计算机生成虚拟环境的技术，并通过 VR 设备使人沉浸于其中。那 VR

的结构是如何的呢？其实 VR 眼镜主要的配置就是内含的两个凸透镜，如图 2-68 所示。我们必须要让左、右眼所看的图像各自独立分开，而且让两处分别展示类似且角度不同的影响，使左、右眼画面连续互相交替显示在屏幕上，加上人眼视觉暂留的生理特性，这样才能有立体视觉，有点像 3D 电影的原理。

图 2-68　VR 内部结构和镜头所见景象（来源 http://www.sfw.cn/）

想让人有现实感，必须做到让人身临其境，然而最大的障碍是附近的环境，我们需要把人的视觉遮蔽起来，只让眼睛看到虚拟世界，才能有身临其境的效果。那么问题来了，如上所述，这就要求虚拟世界的景象离我们的面部非常近。我们知道，一个物体离眼睛太近是无法看清楚的，VR 是如何做到的呢？ VR 给我们提供了多个透镜，让光线在进入眼球前先处理了一次，让物体成像在眼球中，而且，感觉物体离我们较远（水中物体折射的错觉类似），如图 2-69 所示。

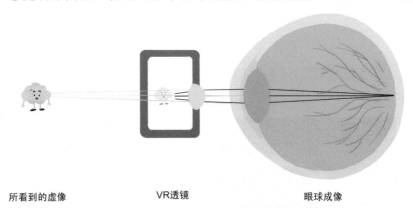

所看到的虚像　　　　　　VR透镜　　　　　　　眼球成像

图 2-69　VR 的透镜发挥作用

原理相信大家基本明白了吧，虚拟技术让我们置身于一种虚拟环境中，就像在真实的客观世界中一样，能给人一种身临其境的感觉。如果再加一些传感设备，在虚拟环境中，人们就可以进行交互，感觉就像是在真实客观世界中一样。对于教育领域，虚拟环境可使用户沉浸其中并提高感性和理性认识，利于知识的掌握。因而可以说，虚拟现实可以启发人的创造性思维。现在，我们以一款简易的 VR 为例子来体验一下吧。

"暴风魔镜"，是一款简易 VR。下面介绍下它的使用过程。首先在手机上安装暴风魔镜 APP，在手机应用中心直接搜索"暴风魔镜"，就会跳转到 APP 下载页面，选择下载并安装应用。该应用为用户提供影视和游戏作品，如图 2-70 所示。

图 2-70　暴风魔镜移动端 APP

第二步，准备好风暴魔镜设备，包括一个蓝牙遥控器，一个镜框，还有一台安卓或 iOS 系统的智能手机。打开蓝牙遥控器开关，并与手机成功配对，如图 2-71 所示。

图 2-71　暴风魔镜设备和移动 APP

第三步，魔镜 APP 打开并选择进入魔镜。将魔镜前盖打开把手机放入魔镜卡槽内并调整好位置固定，如图 2-72 所示。用魔镜自带耳机转接线连接手机或者用自备耳机直接连接手机。闭合前盖，戴上魔镜并根据具体观看情况调节物距和瞳距。调整完成后，用蓝牙手柄选择 OK 键，进入魔镜操作界面，就可以尽情享受暴风魔镜的虚拟现实世界了！

图 2-72 使用魔镜

第四步，APP 启动后，手机屏幕显示两个图像，分别是左右眼的映像，用户可以通过蓝牙手机进行控制操作。当你选择好你所喜好影视或者游戏，如图 2-73 所示，那是两个透镜显示出来的画面，就可以愉快地玩耍了。

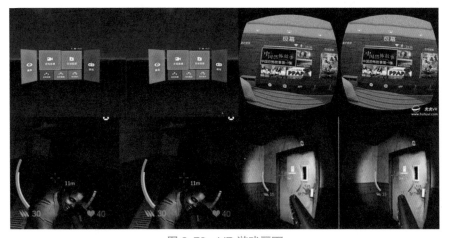

图 2-73 VR 游戏画面

2.11.2 增强现实

领略了 VR 的虚拟场景后，云仔带大家来再来看看神奇的增强现实。这种技术是通过计算机系统提供的信息增加用户对现实世界的感知，并将计算机生成的虚拟物体、场景或系统提示信息叠加到真实场景中，从而实现对现实的"增强"。其实就是在真实世界的影像中融入虚拟的物品影像，它主要就是帮助人们把无法实现的场景在真实世界中展现出来。还是不够直观吗？别急，云仔这里给大家介绍几款 AR 的产品。

1. 宜家《家居指南》，用户可以通过宜家的官方杂志作为识别卡，展示此杂志中的宜家家居产品，并将这些产品通过增强现实技术摆放到家中的各个角落，如图 2-74 所示。

图 2-74　增强现实

2. 口袋动物园，口袋动物园是一款与 AR 结合的早教类应用，通过卡片或马克图识别出各种各样的动物帮助儿童学习。产品的出现让儿童足不出户便可以在移动设备上看到各种各样的动物，而这一方式也彻底颠覆了传统卡片学习，给孩子们带来了全新的体验，如图 2-75 所示。当然，你所看到的都是在移动设备上逼真的图像，想触摸的话可能要去动物园了。

下面云仔为大家简单介绍一下增强现实使用到的技术。它是在计算机图形学，计算机图像处理，机器学习基础上发展起来的。它将原本在真实世界中的实体信息，通过一些计算机技术叠加到真实世界中来被人类感官所感知，从而达到超越现实的感官体验。

图 2-75　袋动物园 APP 中屏幕成像（来源 http://www.0575bbs.com/)

2.11.3　全息投影

2013 年，在周杰伦演唱会的舞台上，出现了邓丽君的身影，他们携手一起演绎了邓丽君的经典老曲《你怎么说》，看起来很真实，其实云仔告诉大家，这就是近期流行且前沿的技术全息投影。它利用光的干涉和衍射原理，记录并真实重现物体的三维图像，是全息技术、电子成像技术和计算机图形技术相结合的产物。全息投影是一种记录被摄物体反射或透射光波的振幅和相位等全部信息的新型摄影技术。一般人眼直接看全息摄影拍摄的感光底片只能看到指纹一样的干涉条纹，但在激光的照射下，便能透过底片看到被拍摄物体的三维立体图像，所以观众不需要借助 3D 眼镜等辅助器材也可以从任意角度观看悬浮于实景中的虚拟立体影像。

全息投影根据采用的技术和使用的材料不同可分为多种类型，在技术上逐渐成熟，并成功应用于工程、科学研究、医学、视觉艺术等领域中。那么，云仔向大家介绍下当前全息投影技术几个分类：（1）空气投影技术。该技术的原理是通过镭射光借助空气中的微粒，使用雾化设备产生人工喷雾墙，利用这层水雾将投影影像投射至水雾墙上形成全息图像。（2）激光束投影技术。该技术是利用氮气和氧气在空气中散开时，混合成的气体变成灼热的浆状物质，并在空气中形成一个短暂的 3D 图像。（3）360°全息投影技术，该技术是将图像投影于高度旋转的镜子上实现三维图像的呈现。（4）180°全息投影技术，该技术是在特殊材质的平面上进行投影，以表现细节或内部结构丰富的物品。通过投影机、LED 屏折射光源至 45°成像于全息投影膜上，如图 2-76 和图 2-77 所示。

图 2-76 Magic Leap 全息影技术（来源 http://www.im2maker.com/）

图 2-77 全息影像技术（来源 http://www.im2maker.com/）

2.11.4 全景摄影

之前，云仔和大家一起领略了 VR 的魅力，可能会有一个疑问：VR 中的视频或者图像是如何制作的？如果效果要做到逼真、让观赏者享有沉溺感，起码那这段视频或者图像必须满足在用户的视角变化时，他所看到的事物也相应地发生变化。这起码需要三个技术支持：第一、要求视频每一帧都是一个全角度的图片；第二、有能知道用户视觉变化的传感器组；第三、需要一个软件系统作为协调，当用户发生视角变化时，给予相应的画面变化。可见，首要条件是一种全角度摄影技术，这就是全景摄影，如图 2-78 所示。

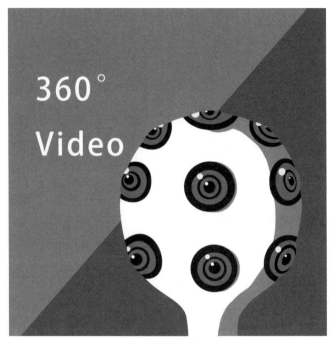

图 2-78 全景摄影

在多种全景拍摄技术中，360°全景摄影是比较常见的。这种技术原理和实现方法是如何的呢？云仔简单介绍一下。360°全景拍摄是通过专业全景照相机或通过照相机结合全景云台来捕捉整个场景的图像信息，再使用接片软件进行图片无缝拼合。即将现场捕捉采集的图像通过计算机数字化输出为360°全景景观图，如图 2-79 所示。

图 2-79 全景摄影设备（来源 http://news.yesky.com/）

当然，正如云仔认为的，全景摄影和虚拟现实 VR 结合才是完美的作品。

它能带来了360°无死角的视听空间，这样的观影形式也给传统影片带来了一场变革。过去会讲究人物跟环境在构图方面的比例，还有特写、中、景、全景等概念，但在照相机360°全景拍摄中这些拍摄和构图几乎已经不需要了。

全景摄影的应用十分广泛，例如，旅游景点导览展示、房地产全景展示、市政建筑装饰工程可视化展示、开发区环境展示等。对于一些需要俯瞰的全景需求，也有新方法解决。近年来小型无人机因具有获取影像机动灵活、稳定性高、成本低等优势，成为鸟瞰视角全景摄影的主要手段。

航拍的出现使另一种更有具挑战的拍摄方式——720°全景拍摄成为现实。那什么是720°全景拍摄呢？其实它就是水平360°加上垂直360°的环视效果拍摄。和一般的全景拍摄类似，通过相连图片的同步，形成一个立体的三维空间。加上VR设备的加持，让观看者有在空中鸟瞰整个观景的感觉，如图2-80所示。

图2-80　航拍

2.12　智能让生活触手可及

可以想象吗？当你在到家前，可以让家里的电饭锅开始加热，让机器人清洁厅堂、卧室；下雨天也不用担心窗户没关；在办公室能看到家里孩子的情况；

商店中再也看不到服务员；付款时不需要找收银员。这些就是智能云生活，它已经慢慢改变着人们的生活习惯，如图 2-81 所示。

图 2-81　智能家居带来的生活变化

2.12.1　物联网

智能云生活是一个发展方向，它是需要技术支持的。云仔带领大家去看看这个称为"物联网"的宝贝。物联网（传感网）是通过射频识别（RFID）、红外感应器、全球定位系统、激光扫描器等信息传感设备，按约定的协议，把任何物品通过物联网域名相连接，进行信息交换和通信，以实现智能化识别、定位、跟踪、监控和管理的一种网络概念。它所做的事情是监控、识别人和物、控制家电、设备等。物联网系统通常划分为三个层次：感知层、网络层、应用层。

那么这三个层次具体要干些什么，各自对应一些什么设备呢？云仔给大家分析下。首先是感知层，它解决的是环境数据获取问题。比如：获取温度、光强度、有害气体浓度、PM2.5 等；第二是网络层，它解决的是感知层所获得的数据在一定范围内传输问题；有了数据，有了网络，当然还需要把人们的想法应用起来，那就是应用层（处理层），它解决的是信息处理和人机界面的问题，如图 2-82 所示。

理解了物联网及其多个关键技术后，物联网的主要应用领域有哪些？主要包括智能工（农）业、智能交通、环境保护、公共管理、智能家居、医疗保健等社会各个领域。

图 2-82　物联网

2.12.2　智能家居

科技在进步，生活也变得越来越智能方便，物联生活、智能家居经常在人们耳边响起。下面云仔就简单介绍一下智能家居。

智能家居不仅具有传统的家居功能，同时能够提供信息交互功能，使得人们能够在外部查看家居信息和控制家居的相关设备，便于人们有效安排时间，使得家居生活更舒适、更安全、更环保、更便捷。那么，智能家居具体能完成哪些工作？下面把智能家居划分为若干个模块，概括描述其功能。

1. 家中拥有"千里眼，顺风耳，记忆脑"，只要有网络，家里家外都是可视的，家长可以在千里之外和家中的孩子联系，同时，家中所发生的情况家长一清二楚，如图 2-83 所示。

2. 智能防盗报警器，可以远程及自动定时布撒防，短信或网络推送远程报警通知，让人们住得安全安心。楼宇门铃门禁对讲，远程开门。视频、一卡通，方便客人来访及自己出入，把安全控制在门外，如图 2-84 所示。

3. 配合光感传感器、红外线感应器、定时器等进行灯光、窗帘控制，远程开关灯，自动控制开关灯，晚上回到家灯自动打开，睡觉灯自动熄灭，如图 2-85 所示。

图 2-83　通过云服务远程监控家里情况

图 2-84　智能安防 (来源 http://blog.sina.com.cn/)

图 2-85　智能调节灯光

4. 家电控制，自动窗帘控制。你在回家的路上可以提前打开家里的空调，早上窗帘自动拉开，晚上窗帘自动关闭。还可以通过声音识别，让家居成为一个聪明又贴心的小管家，如图 2-86 所示。

图 2-86　智能家居智能中控器

这些功能均需要通过网络技术和家居外的云服务器联系起来，家居拥有者通过云服务器获取家居中的一切信息，同时，可以控制家中智能设备。可以看到，智能家居颠覆了以往人们对家庭管理的观念。

2.12.3　智能线下超市

电子商务这几年已经深入民心，那么线下实体店可以如何玩出新花样？人工智能是当下信息产业的热点，计算智能取代线下实体店销售人员劳动已经不再是一个假设。下面看一下 2017 年 7 月份发生在杭州的一件盛事——马云的产品 TaoCafe。

在第二届淘宝造物节现场，阿里巴巴实验已久的"无人便利店"正式对公众亮相，官方称其为"淘宝会员店"。自从马云提出"新零售"概念以来，阿里巴巴一直希望通过线上线下融合的方式改变传统零售业，无人便利店是第一个真正落地的产品，如图 2-87 和图 2-88 所示。

云仔可以幻想未来的场景了。每个进店的客人，都可以被认知、被辨别；每一个商品都是数字化的商品，每一个订单都是一个数字化的订单，真正实现了无人售货。而传统的实体店，将可能逐渐走向消亡，无人超市的优势如图 2-89 所示。

图 2-87 淘宝的 TaoCafe（来源 http://www.kangxin.com/）

图 2-88 无人超市选购物品过程

人工扫描收费　　　　　　　　　　　过匣机扫描自动付款

图 2-89　无人超市的优势

那么国外的情况如何呢？名声最响的要算是 AmazonGo，如图 2-90 所示，它是 2016 年美国电商巨头亚马逊线下食品便利店。

图 2-90　亚马逊 GO(来源 http://m.huanqiu.com/)

2.13　穿在身上的智能设备

前几天，云仔妈妈给云仔买了个智能手表，除了可以看时间，还可以随时和妈妈对话，太酷了，原来手表还可以这么炫，这是云时代可穿戴设备的魅力哦！可穿戴智能设备是一种将多媒体、传感器和无线通信等技术与人们的日常穿戴相结合的实现用户互动交互、生活娱乐、人体监测等功能的硬件终端。这些产品根据功能不同具有各异的形态，根据穿戴部分的不同可分为头戴式、身着式、手戴式、脚穿式四类，如图 2-91 所示。每种类型有哪些酷炫的产品呢？

图 2-91　可穿戴设备

1. 头戴式以谷歌眼镜为主要代表，其本质上属于微型投影仪、摄像头、传感器等设备的结合体。它通过电脑化的镜片将信息以智能手机的格式实时展现在用户眼前。另外，它还可以提供 GPS 导航、收发短信、网页浏览等功能。

2. 身着式主要以智能 T 恤衫为代表，该 T 恤衫可以时刻追踪病人的健康检测，监测到的数据可以通过无线连接传送至中央监控站，让医护人员实时了解病人的情况。

3. 手戴式。最近热门的智能手表，智能手环都属于手戴式。以小米智能手环为例，主要可以用于锻炼、睡眠和饮食，用户只需要佩戴手环，计算引擎就会启动，并记录燃烧的卡路里状况。

4. 脚穿式。脚穿式中最杰出的代表是 Nike+ 系列跑鞋，其拥有的 Nike+ 技术配合 STANDALONE 跑步数据传感器可直接与 iPod 产品相连使用，能在人们跑步过程中随时记录跑程、热量消耗等数据，同时也支持 GPS 最终跑步轨迹、卡路里计算、计时、计速的功能。

那么，可穿戴设备可以有哪些特点呢？云仔总结了五点：（1）通过多种数据传输方式直接或间接连接到云服务器。（2）不一定能从事复杂的数据计算，但必须具有一定数据采集功能。（3）它具有自己的运行程序或系统，保证其功能完整。（4）重量轻，体积小，人们能长期佩戴，可穿戴设备是 24 小时携带。（5）现今设计的可穿戴设备注重美观和时尚，它们不单纯是为了完成信息交互功能，也是饰品、个人品味的象征，如图 2-92 所示。

图 2-92　可穿戴设备的各种用途

这里以两类产品来谈谈可穿戴设备。首先，看一下手表（手环），一个大多数可穿戴厂家聚焦的产品。这里以苹果手表为例，它通过调用手机的 GPS 功能显示人们在地球上的位置，并且会根据人们行走的方式自动调整画面上地图的方向。同时它具有常用多媒体功能，例如音乐，甚至相片、图片。手表通过背后的多个传感器，提醒人们今天的运动量，监测脉搏。最后它还具备手机信息显示和电话转移功能。

与此相似的另一款是为儿童定做的产品——小天才电话手表。功能和体验上虽然比不上苹果手表，但它不需要携带智能手机就可以独立使用。其内部本身就嵌入一个电话卡，可以向家长拨打电话，还可以向家长提供小朋友的实时位置，如图 2-93 所示。

图 2-93　苹果 Watch 和小天才手表

接着，看一下智能服饰，如图 2-94 所示。智能衣服主要包含三种类型的传感器：（1）测心电、肌电的生物传感器；（2）运动传感器；（3）温度传感器。它们是智能衣服"智能"的根本。智能衣服的整个系统也与其他职能可穿戴系统类似，共分三个主要部分：（1）智能电子处理，主要是执行数据采集和预处理，以及蓝牙通信、测量运动速度、GPS 定位等；（2）交换集线器，用于数字信号的处理，通过网络传输到远程计算机；（3）最后远程计算机分析、处理数据，生成报告再展示给用户。

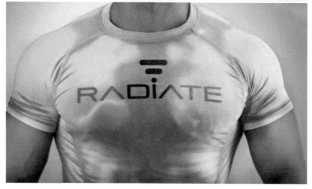

图 2-94　智能服饰

2.14　人工智能让复杂的事情变简单

2017 年 5 月 23 日，世界瞩目的人机大战在浙江乌镇展开，世界排名第一的围棋选手柯杰对战人工智能 AlphaGo，最后 AlphaGo 以 3：0 胜出。这是继 AlphaGo 与李世石以总比分 4：1 赢得比赛后第二次轰动全球。这个结果让许多职业围棋选手无法接受，但现实告诉我们信息化发展到今天，人类终于输给了机器，如图 2-95 所示。

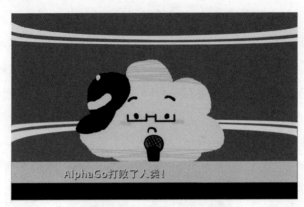

图 2-95　AlphaGo 打败人类

的确，人类在很多方面不如机器，例如计算速度、记忆。但是，对于围棋这种需要哲学思想和统筹计划支持的思考活动，一直以来机器还真是难以胜任。但是在云计算和大数据时代，AlphaGo 做到了。它所依赖的技术便是人工智能的一种，该技术让机器模仿人类进行思考，做出判断和选择。人工智能长什么样？为何如此强大？最终会取代人类吗？

首先，为了方便大家理解人工智能，云仔先聊聊什么是智能与思维。人们在认识什么是智能的同时，已经有一个共识，那就是一切的思维都可以通过数学方式表达。而计算机恰恰擅长数学计算，那么是不是可以说，计算机也应该可以有思维、也可以智能化？这就是"思维可计算"，如图 2-96 所示。

图 2-96　计算机模拟思维

现今人工智能的实现主要基于深度学习，而深度学习其实是一种高效的模仿人类思维计算技术。它的应用非常广泛，在图像（视频）识别、语音（对话）识别、语言语境翻译、人脸感情分析等方面都是它的施展领域。在医学、金融、气候预测、营销等都起到关键作用。下面我们来看看深度学习其中一个实际应用领域——无人驾驶。

一辆车没有方向盘，没有制动，只需要给出指令就可以送我们到目的地，这是科幻电影的桥段啊。但在云时代，这已经不是梦了。无人驾驶汽车对周围环境作出自动感知，对行车路径进行规划，进而保证汽车行驶的安全。无人驾驶不但是按照一定轨迹，避开障碍的智能驾驶而已。它还包括根据全城市路面实际状况，通过云计算和大数据技术形成系统，计算出一个行车方案，这样才能保证无人驾驶技术的精准性、时效性与安全性，使人们更好地享受技术创新带来的优势。

云仔之前和大家讨论过人工智能的感知能力，无人驾驶也需要"眼睛"和"耳朵"，它通过摄像机、雷达、红外等检测附近的景象；声音传感器对其他车辆鸣笛做出判断反应；定位传感器，反馈车辆当前经纬度；加上通过超声波的雷达，对周围环境作出有效的感知，如图 2-97 所示。

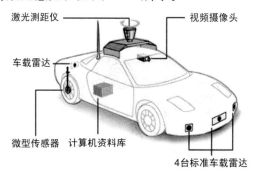

图 2-97　无人驾驶

特斯拉是电动车著名品牌，如图 2-98 所示，它在智能化的应用方面已经走在行业前列。

最后，如果大家对深度学习有兴趣，并具备一定的开发语言学习能力，但是对深度学习的理论一知半解，Google 提供的人工智能深度学习工具 Tensorflow 可能是个不错的选择。

图 2-98　特斯拉智能车

　　Google 不仅是大数据和云计算的领导者，在机器学习和深度学习上也有很好的实践和积累，TensorFlow（见图 2-99）是在 2015 年年底开源的内部使用深度学习框架。AlphaGo 机器人的开发团队 Deepmind 都是在应用 TensorFlow 架构进行训练的。TensorFlow 不仅在 Github 开放了源代码，还在多篇论文中介绍了系统框架的设计与实现，并介绍了 GooglePlay 应用商店和 YouTube 视频推荐功能中应用到 TensorFlow 的关键算法模型，这些都是免费让大家使用的。TensorFlow 的流行让深度学习门槛变得越来越低。

TensorFlow
RESEARCH CLOUD

图 2-99　TensorFlow 深度学习工具

　　是不是对这款强大的机器学习系统蠢蠢欲动呢？先别急，TensorFlow 的官网给出一份详细的教程，国内外多本 TensorFlow 书籍已经在筹备或者发售中，大家不妨先了解一下 Python 语言和 linux 操作系统基础。这里云仔就概括一下 TensorFlow 的一般使用过程。（1）准备训练数据。为深度学习训练准备训练样本和期望结果，并以规范文件格式保存数据。（2）有了数据文件便可以编写神经网络模型了。（3）准备完数据和参数，便可以开始添加样本数据，进行训练了。（4）训练过程中，TensorFlow 还会提供多种方式为我们优化定义好的网络模型。

2.15 自己动手写 APP

你虽然不会编写程序，但总是有源源不断的创意？你想通过 APP 发挥自己的创意吗？云仔今天向你介绍一款可以让你不编写程序也能轻松制作 APP 的开发平台，App Inventor for Android。通过 App Inventor，使用者只要用"拖动＋拼图"的方式就可以自制 APP。

除了用谷歌的开发平台开发安卓应用外，如果你对网页开发有一定基础，又想同时开发安卓、iOS 系统的 APP，还可以使用 HBuilder 把 HTML5 页面设计的文件打包成 APP 软件，当然，此操作需要网络完成。

2.15.1 使用 App Inventor 开发移动应用程序

国内使用 App Inventor，在计算机上通过浏览器访问服务器 http://app.gzjkw.net 进行注册使用，如图 2-100 所示。浏览器要求使用 Mozilla Firefox 3.6、Apple Safari 5.0 或以上版本，不支持 IE 浏览器。

图 2-100　AppInventor 国内服务器界面

App Inventor 包含三个组成部分。

Design（组件设计）：登录进入 App Inventor，首先映入眼帘的就是"Design"开发画面，开发者可以在此选择想要在运行手机界面上出现的组件和设置组件的属性，例如，图片组件、多媒体组件、社交组件等。

BlockEditor（逻辑设计）：进入 BlockEditor，各种命令在此如同一片片拼图，开发者可以用拖动鼠标的方式将各种指令加以组合。例如，把刚才用到的组件图块拖入，以拼图的方式将其组合起来就完成了逻辑设计。正确组装会听到"咯"的一声，表示组合被接受。

Emulator（仿真器）：App 设计完成后，就可以在仿真器上运行。如果要安装到手机作为正式的 App，在界面右上方"打包 apk"菜单下载安装即可。

一、注册账户

在浏览器地址栏中输入 http://app.gzjkw.net，根据提示填写信息，注册开发账户。

二、安装 JDK

在浏览器地址栏中输入 http://www.java.com/zh_CN/download/index.jsp，如图 2-101 所示，下载并安装 Java。

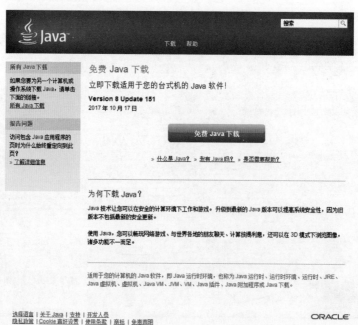

图 2-101　Java 下载界面

三、使用 App Inventor

在浏览器地址栏中输入 http://app.gzjkw.net，进入到 App Inventor 国内服务器，使用注册的账户登录。进入 App Inventor 后，在"项目"下拉菜单中点击"新建项目"，新建一个 App Inventor 工程。在弹出的对话框中输入工程文件的名称 HelloAppInventor，然后单击"确定"按钮完成工程创建，如图 2-102 所示。

图 2-102　新建工程文件界面

工程文件创建完成后，"项目"中会显示刚刚创建的工程，点击新创建的工程名称"HelloAppInventor"，AppInventor 会打开界面设计器页面，如图 2-103 所示。这样，用户就可以开始进行 HelloAppInventor 的界面设计。

图 2-103　AppInventor 界面设计器界面

2.15.2　使用 HBulider 打包移动应用程序

最近几年 Web 前端开发领域最热的话题当属 HTML5，未来 HTML5 或许会成为移动互联网领域的主宰者，使用 HBuilder 就可以把 HTML5 页面设计的文件打包成 APP 软件。

一、安装软件，新建项目

下载 HBuilder 压缩包，解压后运行执行文件，运行执行文件。在项目管理处右击，在弹出的快捷菜单中选择"新建"→"移动 APP"命令，如图 2-104 所示

图 2-104　HBuilder 启动和建立移动 APP

二、设置项目内容

设置项目名，在合适的地方输入相关代码。HTML5 是现今编写页面的基础性语言，比起传统的编程语言，十分简单易懂。以 HTML5 设计去取代安卓的 Java 或者苹果的 ObjectC 设计，大大简化了开发的难度，如图 2-105 所示。

三、打包发布程序

测试后便可发布，把代码上传到服务器上，让服务器帮我们把 HTML5 代码转化为安卓或者 iOS 的应用软件，等服务器完成转换后再进行下载，如图 2-106 所示。

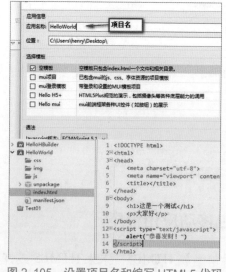

图 2-105　设置项目名和编写 HTML5 代码

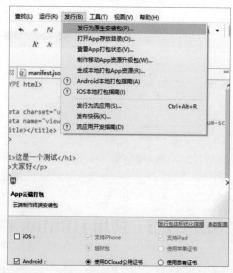

图 2-106　把设计好的代码提交服务器进行转换

第三部分

未来的"云工作"

3.1 墙壁成为显示器，桌子成为鼠标键盘

随着云上数据管理和处理的不断完善，各个设备的性能得到不断的发展，使用方便性也逐渐提高，带动之前互联网和信息处理性能差的设备，也向连接云的方向发生转变。

众所周知，窗户、墙壁、桌子、门这些都没有图像处理能力，是不能接通电源的设备，但只要通过一些处理，今后也可以连接到网络，也可以显示图像，并具有一定的信息处理能力。比如说，可以想象以后办公室的墙壁可以连接到网络，还可以显示图像。这些具备一定的信息处理能力的设备不受画面尺寸的制约，使用起来非常方便。例如，日后我们在输入数据时可以不再依赖传统的鼠标、键盘等设备，可以直接在桌子上投射出的虚拟键盘上输入数据（见图3-1），这个虚拟键盘与周边设备、机器通过无线网络进行数据连接，最终的数据处理将全部交付给云进行。甚至可以投射出一个控制界面，一个电商购物的页面，或是一张适合小孩子涂鸦的图画，而在这个投射的界面上，用户就能做多项操作，例如，单击控制界面上不同的控制按钮，点选页面上商品直接加入购物车，手机扫二维码完成支付购买，而小孩子选择了画笔后，直接就能在虚拟画纸上随手涂鸦……

图 3-1　投射键盘

带有这样先进用户接口的设备得到普及后，或许就会诞生另外一个云。为了使这些设备不受使用的限制，在设备空闲时，将各自的信息处理能力集中起来，从而组成了"云"。然后设备与设备之间（M2M，machine to machine）进行相互通信，协调工作，这个就可以使各个设备上的资源得到最大限度的有效利用。

3.2 基于云的远程办公

随着技术的发展，与云连接的设备大量"登场"，同时智能手机、平板电脑等移动设备的广泛应用，人们的工作方式也在发生着巨大变化。如今，"远程办公"被世界各国很多上班族视为"福音"。所谓远程办公，就是指每周8小时以上，在办公室以外的场所进行的就业形态。"远程办公"在美国、日本等国许多企业早已推行，其中，日本实现远程办公的企业在2016年上半年已占到了48%。

如果提供了面向云的连接环境，那么，在家里、咖啡店和图书馆等各种各样的场所里只要携带移动设备，就可以进行工作了，远程办公和云化非常适合这种工作方式。当然，室外工作的安全问题还是有慎重考虑的必要性的。在安全的工作场所下的工作方式是云化的趋势，今后一定会得到越来越广泛的普及，或许，我们以后一周能在家工作1天的日子就要来临。

如果在办公室以外的场所进行工作成为可能的话，与本部门以外的人、其他公司的人接触的机会就必然会增加。那么，在收集来自各种人群的信息，互相交流的同时就可以完成工作，共同工作方式就得到了普及。手持移动设备与公司外的人们共享云上的数据和应用程序，共同进行工作的方式，就是云时代的标准规范（见图3-2）。

图3-2 云时代的标准规范

3.3 通过云和任何人合作

云普及后，云工作的方式将成为很普遍的工作方式，云工作是基于传统OA和云计算、大数据三者相结合的新型办公方式，面向网络的人们在共同合作的前提下完成工作，可以进行数据处理、资源共享、商业交流、互动娱乐等。云上应用程序非常容易理解，所以用户要更多地注意其他各种各样的数据和信息。而且，从共同合作的观点来分析，与相对效率高的人合作时，就会进入附加价值高的业务了。

对于必然连接到网络的今天，应该明确意识到自己一个人的想法是有限的。对于企业来讲也是一样，不仅要重视自己公司的想法，还要通过网络与各种各样的公司进行合作。

如果没有意识到这一点，那么就不会通过互相合作来产生出新的产品，所以云在逐渐促进工作方向这一方面进行转移。换句话说，积极灵活用云会对工作方式进行改革，这会在以后变得越来越重要。

总而言之，经过这样的变化，就不会被业务所限制。个人只要掌握与自己兴趣相关的信息，就可以通过在带有特定目标的场所与各种各样的人合作，获取他人所知道的信息，从而达到高效率的目的。

对于用户来说，不仅可以从以前的基础设施的制约中解放出来。而且，在云上可以很容易地连接到开源的信息，个人的工作方式也转为移动化、合作化。最终的结果是把需要数据和信息的人聚集到一起。因为云，会促使共同合作的作用和重要性都得到增加。

3.4 活用云上共享的知识

个人的数据和知识出现在云上后，人们交流的信息量就会剧增。如果能进入互联网，那么就可以获得存储在云上数据里的庞大"知识"。

因此，对于个人和企业来说重要的不是"拥有怎样的知识"，活用云上共享的知识并采取怎样的行动，才是重要的。

也就是说，如果只是提高计算机处理能力和效率，享受廉价的服务，或许我们并不会得到什么效益。所以，我们亟待要做的是推进人类信息处理能力的进化。例如，如果不能学会从大量的信息中提取必要的信息，那么我们就会受到信息量的压迫，结果可能什么也做不到。云的出现就要求我们将"知识"和"行动"进行改变。

3.5 未来的公司与未来的工作

移动互联网、新一代信息技术正在改变着我们身边的一切，由互联网带来的信息爆炸及权威消解，加上移动互联网的便携性与及时性，企业管理形态及组织结构正在发生深刻的变化。信息革命、全球化、互联网化，企业已打破原有的社会结构、经济结构、地缘结构、文化结构。互联网改写了地理边界，也摧毁了原有的游戏规则。

未来的企业可以通过"云管理"，将企业从有形的、看得见的集中统一办公、面对面办公的形态，变成架设在云端的、看不见的、无形的自主化云组织、云连接的形态。"互联网＋"背景下的云管理将打破企业现有的社会分工和组织模式，重新定义企业的组织边界和产业边界。客户和用户都将成为企业组织成员的一部分，按照既定的规则完成不同的目标和任务，充分地跨界融合，可以连接一切可以连接的力量，充分地赋能赋权，分享协同知识和资源。

未来的企业组织中，人才完全可以多重复用，每个人都可以身兼数职，同时跨界具备多种才华和能力，甚至还有很多人可能身份变得多重，既可是记者，也可以同时是作家，或者摄影师，每个人都可以像变形金刚一样随时随地组建新团队，或者组建虚拟任务小组，完成新任务。不管是企业内部的基础建设项目，还是面向客户和用户的一线营销队伍，都可以用这样的建队方式完成很多不可能的任务。当互联网连接了个体，每个人都有机会成为节点，每个人都可以便捷地把自己的创意和能力输出，个人可以通过依靠互联网交易平台来承接和完成任务。

未来企业组织中，企业和员工之间不再是简单的雇佣关系、打工关系，而会变成合作关系、创业关系乃至合伙人关系。企业习惯采用的方式是外包、众包、资源整合等，从企业的外部获取和连接人才资源，这种合作模式改变的是支付报酬的模式，从原来的按时间工作制付给正式员工、全职员工薪水，变成了按结果付费，按任务量付费，按成效付费。

第四部分

"云世界"里的风云人物

4.1 哈佛最有名的辍学生——比尔·盖茨

比尔·盖茨，全名威廉·亨利·盖茨三世，1955 年出生于美国西雅图，曾任微软董事长、CEO 和首席软件设计师（见图 4-1）。比尔·盖茨从小就在非常优越的环境中成长，父亲是当地著名律师，母亲是华盛顿大学董事、银行董事及国际联合劝募协会主席。比尔·盖茨 13 岁开始学习 Basic 编程，18 岁考入哈佛大学，一年后从哈佛退学，1976 年与好友保罗·艾伦注册了"微软"（Microsoft）商标。

图 4-1 比尔·盖茨

2016 年 10 月，《福布斯》发布"美国 400 富豪榜"，比尔·盖茨以资产 810 亿美元，第 23 年蝉联榜首。虽然是首富，但是他的生活十分简朴，不在乎名牌衣物、不开名车，也没有私人飞机，而且对打折商品情有独钟。

2014 年，比尔·盖茨不再担任微软董事长，新职位为技术顾问，渐渐淡出微软的运营，与太太一起专心致力于慈善活动，创办比尔和梅琳达·盖茨基金会，旨在促进全球卫生和教育领域的平等，他曾说伴随财富而来的是责任，今后他最重要的责任就是帮助需要帮助的人。

在个人计算机的时代，微软的产品从操作系统到软件几乎呈现独占的优势，最高曾达到95%的全球市占率，然而云服务的兴起让这种事态开始松动，也让微软不得不开始推出免费云软件和网络服务，并跨入人工智能领域以寻求新的舞台。目前，Office 365以及Azure等公共云服务在快速增长，微软CEO萨提亚纳德拉曾称，微软的云业务在2018年有望达到200亿美元。同时微软的Xbox又是一个成功的出击，体感游戏机Kinect让全球大人小孩都为之疯狂，微软总能想出留住消费者的方法。

4.2　苹果教父——史蒂夫·乔布斯

史蒂夫·乔布斯，1955年出生于美国旧金山，美国发明家、企业家、美国苹果公司联合创办人（见图4-2）。乔布斯生活在美国"硅谷"附近，邻居都是惠普公司的职员，在这些人的影响下，乔布斯从小迷恋电子学。19岁那年，乔布斯只念了一学期就因为经济因素而休学，成为雅达利电视游戏机公司的一名职员。乔布斯一边上班，一边常常与沃兹尼亚克一道，在车库里琢磨计算机。

图4-2　史蒂夫·乔布斯

1976年，21岁的乔布斯与26岁的沃兹尼亚克在自家的车房里成立了苹果公司，他们制造了世界最早商业化的个人计算机，被称为认为"Apple I"计算机。

然而在 30 周岁时乔布斯却遭到董事会解任，31 岁时收购了 Lucasfilm 旗下位于加利福尼亚州 Emeryville 的电脑动画效果工作室，成立独立公司皮克斯动画工作室，并于 1995 年推出大受好评的"玩具总动员"。1996 年乔布斯重回苹果公司，1997 年，苹果推出 iMac，创新的外壳彩色与透明设计在美国和日本大卖，使苹果计算机度过财政危机，苹果在之后推出深受大众欢迎的 Mac OS X 操作系统，乔布斯也从临时 CEO 转为正式 CEO。2011 年，乔布斯因患胰腺癌病逝，享年 56 岁。

乔布斯被认为是计算机业界与娱乐业界的标志性人物，他经历了苹果公司几十年的起落与兴衰，先后领导和推出了麦金塔计算机（Macintosh）、iMac、iPod、iPhone、iPad 等风靡全球的电子产品，深刻地改变了现代通信、娱乐、生活方式。Apple 的产品让人觉得不只是产品，而是一种生活态度，它总是创造出最新的需求，"简化的美学"成为 Apple 的精髓。没有人能够否认 iPod、iPhone、iPad 带给世人的震撼，这些优雅的设计让多少消费者愿意排上好几天的队伍，也一定要确定自己能够抢到令人称羡的 Apple 新品。直至乔布斯去世前，每年 6 月的"苹果公司全球研发者大会——WWDE（门票 1599 元）"都让全球媒体和 3C 迷引颈期盼乔布斯又将现身给大家哪些惊喜。

4.3　Facebook 创始人——马克·扎克伯格

马克·扎克伯格，1984 年出生于美国纽约，社交网站 Facebook 的创始人兼首席执行官，被人们冠以"第二盖茨"的美誉（见图 4-3）。扎克伯格在中学时期就开始写程序，高中时已经在家里附近的 Mercy College 上课，扎克伯格很喜欢程序设计，特别是沟通工具与游戏类。2002 年 9 月，扎克伯格进入哈佛大学，主修计算机和心理学，在哈佛时代，被称誉为是"程序神人"。2004 年 2 月，扎克伯格突发奇想，要建立一个网站作为哈佛大学学生交流的平台，只用了大概一个星期的时间，扎克伯格就建立起了名为 Facebook 的网站。如今，Facebook 已成为世界上最重要的社交网站之一，就连前美国总统奥巴马、英国女王伊丽莎白二世等政界要人都成了 Facebook 的用户。扎克伯格本人也因这一成功创业，成为世界上最年轻的亿万富翁，同时也是最积极从事慈善事业的美国富豪之一。

图 4-3 扎克伯格

外界一提到扎克伯格时，总是将其同微软创始人比尔·盖茨做比较，因为他们都是从哈佛大学辍学的"坏学生"，都是白手起家，在互联网上创业，从而影响全世界。美国当地时间 2017 年 5 月 25 日，扎克伯格重返哈佛大学，除了拿到荣誉法学博士学位之外，还被邀请在哈佛大学第 366 届毕业典礼上向毕业生发表演讲。

Facebook 是拥有 20 亿用户的社交巨头，过去这个平台就是用来社交，现在它的功能包括：社交、新闻、游戏、工作、商业推广等。Facebook 在 AI、VR、人工智能等先进技术领域也取得了极大进步，2017 年，Facebook 在一年一度的开发者大会上推出了 VR 社交平台——Facebook Spaces，目前还是 Beta 版，在 Facebook Spaces 中，用户可以在虚拟空间中创建身份，查看 Facebook 视频及 360° 全景相片，还能邀请朋友在虚拟世界中进行互动，甚至能为虚拟形象"自拍"。此外，Facebook 还发布了 Camera Effects AR 平台，以及 Frame Studio 和 AR Studio 两款开发工具。用户能够在上面编辑信息、变化效果及美化图片等。在有了 Facebook Spaces 之后，VR 将不再是一个抽象的东西，也不再是小部分人的自娱自乐的工具。

4.4 Google 创始人——拉里·佩奇和谢尔盖·布林

　　Google 是 1996 年由斯坦福的研究生拉里·佩奇和谢尔盖·布林（见图 4-4）合作发展的搜索引擎，1998 年两人用数学中的单位 Googol（指 10 的 100 次方）为这个引擎重新命名为 Google，借以表示网络上的信息非常可观，而 Google 正是用来找出答案的最佳工具。Google 被公认为全球最大的搜索引擎，2017 年 6 月，《2017 年 BrandZ 最具价值全球品牌 100 强》公布，谷歌公司名列第一位。

图 4-4　拉里·佩奇和谢尔盖·布林

　　2000 年开始 Google 陆续推出各种语言接口的 Google.com。除了网页搜索之外，Google 陆续推出了图片、音乐、视频、地图、新闻、问答等搜索服务。过去，人们总是认为"对内容收费"是最合理的商业模式，例如，付费下载音乐、电子书，然而 Google 完全摒弃这样的逻辑，不论我们要搜索专利或是学术论文都完全是免费的，而收入来源则主要依赖广告，如出现在搜索结果旁边的关键词广告——AdWords，以及嵌在博客、网站内的 AdSense 广告，此外还有商业版的 Google Apps 服务。这项创举也打破一般人原先并不看好的预测，获得比固定广告费更大的收益。

2004 年 Google 正式在纳斯达克上市，目前涉及的业务包括互联网搜索、云计算、广告技术，开发并提供大量基于互联网的产品与服务，开发线上软件、应用软件，还涉及移动设备的 Android 操作系统以及操作系统谷歌 Chrome OS 操作系统的开发。Google 从不停止创新的脚步，第一个击败人类职业围棋选手、第一个战胜围棋世界冠军的人工智能程序——阿尔法围棋（AlphaGo）、Google 眼镜、无人驾驶汽车、物联化智能家居等服务无不是处于科技领先位置。

4.5 亚马逊创办人——杰夫·贝佐斯

杰夫·贝佐斯，1964 年出生于美国新墨西哥州 Albuquerque 市，创办了全球最大的网上书店 Amazon（亚马逊）（见图 4-5）。贝佐斯对理工知识相当感兴趣，尤其是计算机，后来进入普利休斯顿大学学习物理，但又转念计算机信息，于 1986 年取得双学士学位，并于 2008 年获得卡内基梅隆大学的荣誉博士学位。大学毕业的贝佐斯先进入金融业服务，1994 年看到互联网的蓬勃发展，认为网络提供了成功的机会，于是与妻子共同投身于电子商务（E-commence）的行列，创办了 Cadabra.com，并于次年更名为 Amazon.com，1997 年股票公开上市。

图 4-5　贝佐斯

众所周知的网络泡沫是 1995 年开始的电子商务大灾难，许多创业者建立了各式各样的网站，但都缺乏稳定可靠的获利模式，造成股市和金融市场哀鸿遍野，但 Amazon 却一路稳健走来，而且现在还成为什么都卖的全球最大的网络零售商，不但贩售实体物品，同时还自己制定了电子书格式并销售电子书阅读器 Kindle，让阅读变得轻便又时尚。

亚马逊在发展原有的零售业务以外持续寻求业务多元化，2006 年推出了云计算服务平台（AWS），帮助其他公司利用亚马逊数据中心的设备去运行网络应用。通过 AWS，这些企业将没有必要再购买自己的软硬件设备，也不必再聘请 IT 工程师来管理这些技术基础设施。目前亚马逊的 AWS 已经处于绝对领先地位，年化营收超过 100 亿美元，AWS 云服务包丰富，富有竞争力，AWS 云服务越来像个完整的开箱即用的服务解决方案，只需要你提供一条简单的指令，就可以自动化，智能化为你提供云服务。

4.6 中国电子商务产业最具影响力人物——马云

马云，1964 年出生于杭州，阿里巴巴集团主要创始人，现担任阿里巴巴集团董事局主席（见图 4-6）。马云没有上过一流的大学，初中升高中考了两次，直到 1984 年，第三次高考时，由于英语专业招生指标未满，部分英语优异者可获得升本机会，马云才被杭州师范学院破格升入外语本科专业。大学毕业后被分配到杭州电子工业学院（现杭州电子科技大学），任英文及国际贸易讲师。1995 年初，他偶然去美国，首次接触到互联网。对计算机一窍不通的马云，在朋友的帮助和介绍下开始认识互联网。回国后，开始了互联网创业。1999 年，马云正式辞去公职，以 50 万元人民币开始了新一轮创业，开发阿里巴巴网站。

马云为完善整个电子商务体系，自 2003 年开始，先后创办了阿里巴巴、淘宝网、支付宝、阿里妈妈、天猫、一淘网、阿里云等国内电子商务知名品牌，马云也历任多家公司的重要角色，其中包括阿里巴巴集团董事局主席、软银集团董事、中国雅虎董事局主席、亚太经济合作组织（APEC）工商咨询委员会（ABAC）会员、杭州师范大学阿里巴巴商学院院长、华谊兄弟传媒集团董事、TNC（大自然保护协会）全球董事会董事、海博翻译社社长和全球生命科学突破奖基金会理事等职务。马云的创业成功，阿里巴巴集团的成功，使马云多次获邀到全球著名高等学府讲学，当中包括宾夕法尼亚大学的沃顿商学院、麻省理工学院、哈佛大学、北京大学等。

图 4-6 马云

2016，马云在杭州云栖大会上指出：电商时代即将过去，未来十年是新零售的时代，线上线下必须要结合起来。马云认为，互联网公司是没有边界的，未来是一个万物万联的时代，过去电商冲击了实体店，而现在新零售正在冲击纯电商。2017 年 7 月，马云的无人超市正式开业，依托于支付宝强大的无线支付能力，马云与娃哈哈集团董事长宗庆后已经联手宣布：未来几年，将在全国开展 10 万家无人超市。未来，线下与在线零售将深度结合，再加现代物流，服务商利用大数据、云计算等创新技术，构成未来新零售的概念。纯电商的时代已结束，纯零售的形式也被打破，新零售引领未来全新的商业模式。

4.7 QQ 之父——马化腾

马化腾，1971 年生于广东省汕头市，腾讯公司主要创办人之一，现担任腾讯公司控股董事会主席兼首席执行官（见图4-7）。马化腾曾在深圳大学主修计算机及应用，于1993年取得理科学士学位。大学毕业后，马化腾进入深圳润迅通讯发展有限公司，开始做编程工程师，专注于寻呼机软件的开发。1998年，马化腾与同学张志东一起创办了深圳腾讯计算机系统有限公司，之后许晨晔、陈一丹、曾李青相继加入。

图4-7　马化腾

1999年，腾讯开发出第一个"中国风味"的ICQ，即OICQ后，受到用户欢迎，注册人数疯长，很短时间内就增加到几万人。由于OICQ抢了很多ICQ中国大陆用户群，后来ICQ公司通过法律途径，最终判定腾讯败诉，停止使用OICQ这个名称，并归还OICQ域名给ICQ公司，自此腾讯便使用了QQ这个名称至今。经过多年的奋斗，腾讯成为国内主流互联网企业最高市值公司，是中国最大的互联网综合服务提供商之一，也是中国服务用户最多的互联网企业之一，2017年腾讯第一季度业绩报告显示QQ月活跃账户数达8.61亿，微信全球月活跃账户数达到9.38亿。

腾讯在创业初期的主要业务是为寻呼台建立网上寻呼系统，通过最初的即时通信业务打造了QQ这款产品，而后随着QQ用户数量的不断增多，开始打造基于 QQ 产品的系列生态产品，腾讯网、QQ 空间、QQ 游戏等系列产品随之诞生。到了移动互联网时代，手机 QQ 与微信又作为腾讯帝国的两大超级入口，通过投资战略布局的方式来扩大自己的产业生态。随着外部市场环境的发展，腾讯的核心业务从社交一个方向向社交、游戏、网络媒体、移动互联网、电商和搜索等方向突进，初步形成了"一站式"在线生活的战略布局。

4.8 百度之父——李彦宏

李彦宏，1968 年出生于山西省阳泉市，百度公司创始人、董事长兼首席执行官（见图 4-8）。1987 年，李彦宏以阳泉市第一名的成绩考上了北京大学图书情报专业。1991 年本科毕业后前往美国布法罗纽约州立大学完成计算机科学硕士学位，先后担任道·琼斯公司高级顾问、《华尔街日报》网络版实时金融信息系统设计人员，以及硅谷著名搜索引擎公司 Infoseek 资深工程师。李彦宏所持有的"超链分析"技术专利，是奠定整个现代搜索引擎发展趋势和方向的基础发明之一。

图 4-8 李彦宏

1999 年，李彦宏从美国回到祖国创建了百度公司。经过十多年的发展，李彦宏领导下的百度已经发展成为全球第二大独立搜索引擎和最大的中文搜索引擎。百度的成功，也使中国成为美国、俄罗斯和韩国之外，全球仅有的 4 个拥有搜索引擎核心技术的国家之一。2005 年，百度在美国纳斯达克成功上市，并成为首家进入纳斯达克成分股的中国公司。百度已经成为中国最具价值的品牌之一。

2013 年，李彦宏正式当选第十二届全国政协委员，同时兼任第十一届中华全国工商业联合会副主席、第八届北京市科协副主席等职务，并获聘"国家特聘专家"。他还曾经获得"CCTV 中国经济年度人物""IT 十大风云人物""改革开放 30 年 30 人"等荣誉称号。《福布斯》"2012 中国最佳 CEO"评选中，李彦宏名列榜首，并连续 3 年作为唯一内地企业家代表上榜"全球最具影响力人物"。《时代》《商业周刊》等杂志也多次将他评为"全球最具影响力人物"和"中国最具影响商界领袖"。

4.9 京东创始人——刘强东

刘强东，1974 年出生于江苏省宿迁市来龙镇光明村，是京东商城创始人，担任董事局主席兼首席执行官（见图 4-9）。1992 年刘强东考入中国人民大学社会学系，大二时刘强东迷上了计算机编程，为了学习编程，经常是在机房睡到早晨再去上课，大三开始刘强东课余时间更加卖力地做兼职、编程，很快刘强东给自己买了"大哥大"，还花两万多元购置了"人大第一台学生机"。1998 年，刘强东在中关村租了一个小柜台，售卖刻录机和光碟，柜台名叫"京东多媒体"。2004 年，初涉足电子商务领域，创办"京东多媒体网"（京东商城的前身），并出任 CEO。

目前，京东商城已成为中国最大的自营式电商企业，而京东集团的业务也从电子商务扩展至金融、技术领域，拥有近 12 万名正式员工，跻身全球前十大互联网公司排行榜。2014 年 5 月，京东在美国纳斯达克成功上市。

2011 年，刘强东获华人经济领袖大奖和第十二届中国经济年度人物。2012年，入选《财富》（中文版）2012 年"中国 40 位 40 岁以下的商界精英"榜单，并位居榜首。2014 年，以 530 亿元人民币的财富位列《胡润百富榜》第九。2015 年，入选《财富》"全球 50 位最伟大的领导者"。2016 年 10 月，刘强东以 455 亿财富在《2016 年胡润百富榜》排名第 26 位；以 420 亿元财富在《2016 胡润 IT 富豪榜》排名第 7。

图 4-9　刘强东